三台子水库全景

大平煤矿全景

大平煤矿主楼

大平煤矿一角

井下车场

井下运输大巷

工作面支架

井下皮带大卷

井下采煤工作面

科研人员井下取水样

领导在矿井视察

矿井安全生产工作会议

领导在矿井指导工作

科研人员观测地裂缝

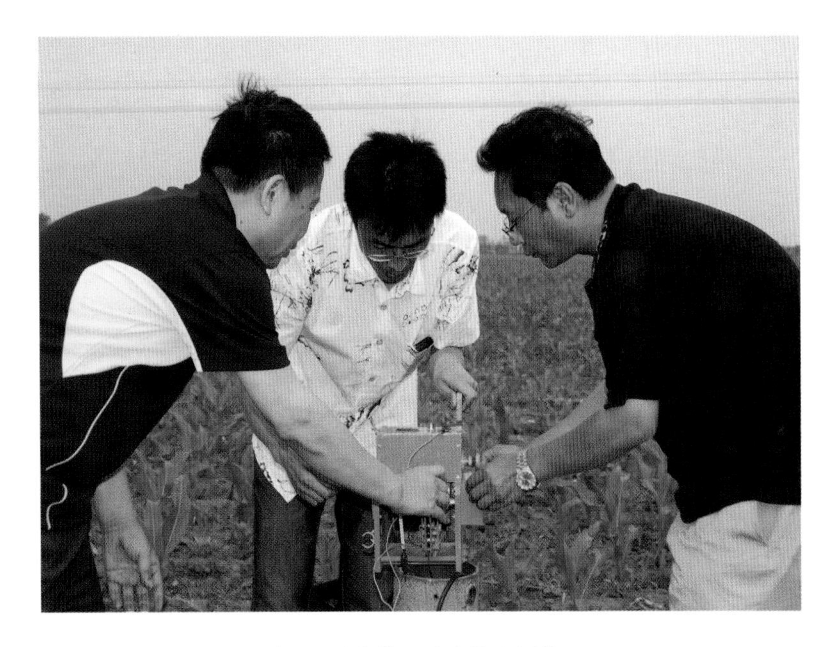

科研人员安装调试水位监测装置

科研人员进行水质化验

水库下特厚煤层
综放开采技术研究与实践

冯国财　罗春喜　李强　孟令辉　著

国防工業出版社
·北京·

内容简介

本书全面系统地总结了近年来在大平煤矿三台子水库下特厚煤层综放安全开采技术方面的研究成果。基于大量的实测数据，深入研究揭示了大平煤矿特厚煤层综放开采覆岩破坏、地表沉陷、地下水位变化规律与特征。根据国内外水体下采煤相关规定，分析了大平煤矿水库下压煤安全开采的可靠性。结合矿井开采实践，总结和介绍了水库下采煤防治采动裂隙、钻孔、断层等导水危害所采取的安全技术措施。

本书主要供从事水库等地面大型水体下压煤开采的煤矿工程技术人员，相关专业高校教师、研究生和科研人员参考。

图书在版编目(CIP)数据

水库下特厚煤层综放开采技术研究与实践/冯国财等著.—北京:国防工业出版社,2014.1

ISBN 978-7-118-09174-8

Ⅰ.①水... Ⅱ.①冯... Ⅲ.①特厚煤层采煤法-研究 Ⅳ.①TD823.25

中国版本图书馆CIP数据核字(2013)第280611号

※

国防工业出版社出版发行

(北京市海淀区紫竹院南路23号 邮政编码100048)

三河市腾飞印务有限公司印刷

新华书店经售

*

开本 880×1230 1/32 **插页** 6 **印张** 6 **字数** 143千字

2014年1月第1版第1次印刷 **印数** 1—2000册 **定价** 58.00元

国防书店：(010)88540777　　发行邮购：(010)88540776

发行传真：(010)88540755　　发行业务：(010)88540717

致　谢

本书编著得到了以下鉴定科研项目成果的技术支持,在此表示感谢!

1. 水体下综合机械化放顶煤开采综合技术研究(国家科技部社会公益专项资金项目 2005DIB3J178,辽科鉴字【2006】第 287 号,2006 年度煤炭工业十大科学技术成果)。

2. 大平煤矿水库下特厚煤层综放开采关键技术研究(铁法煤业(集团)有限责任公司科研项目,中煤科鉴字【2010】第 CM28 号,2011 年中国煤炭工业科学技术奖二等奖)。

序

铁法能源有限责任公司于2009年注册成立，原铁煤集团成为其控股子公司。铁煤集团成立于1999年，其前身铁法矿务局始建于1958年，至今已有50余年的开发建设历史。矿区本部由铁法、康平、康北三个煤田组成，累计探明工业储量23亿t。近年在内蒙古和山西通过合资合作的方式，控制煤炭资源地质储量约30亿t。

大平煤矿是康平煤田生产矿井之一，煤田另一生产矿井为小康煤矿。大平煤矿1991年12月开工建设，后停建。2001年8月恢复建设，2002年9月开始试生产，2004年10月正式建成投产，2005年核定生产能力410万t。

大平煤矿煤层开采技术条件较为艰难。一是地层岩性软弱，地压大、巷道支护困难。矿井现回采巷道采用锚网索配合U形钢圆形支护，支护成本高达近2万元/m。另一问题是三台子水库位于井田中部，库下压煤工业储量1.3亿t，占近全矿井工业储量的1/2。

选择分层开采可解决库下开采安全问题。但与综放开采方法比较，仅巷道费用吨煤成本就将增加50~60元。综放开采可最大程度地减轻软岩巷道支护成本压力问题。但国内外没有水库下10~15m特厚煤层综放开采的先例，现行水体下采煤规程或规定中也没有设计留设综放开采安全防水煤岩柱的方法和依据。

科学技术总是在实践中发展、进步。针对大平煤矿水库下采煤技术问题，“买库疏干”等任何曾有过的恐惧、回避思想都只是一时的。经充分的技术准备、审慎的科学论证，大平煤矿水库下首个综放开采试采面于2005年4月1日正式回采。截止2012年底，大平煤矿已在水库下连续回采了5个工作面，累计采出煤炭3315万t，利税40亿元，取得了令人瞩目的成绩。

10年来，围绕覆岩破坏规律、充水特征等库下压煤开采关键技术问题，集团公司、大平煤矿联合有关科研单位，结合矿井采掘实践做了大量的研究工作，取得了许多创新性成果。今项目组主要成员将这些科研成果、实践经验汇集成书，四位著者都是从2004年库下首个试采面论证开始，一直在项目组工作，参与和见证了大平煤矿水库下压煤开采科研与生产全过程及其所取得的成就。

铁法能源有限责任公司一直重视科技创新工作，科技创新成果也为企业发展提供了不竭的动力。大平煤矿水库下压煤开采远未结束，煤厚变化、断层活化等复杂地质采矿因素引发的安全技术问题仍有待研究解决。铁法能源有限责任公司将继续加大科技投入，出更多的创新成果，使公司煤炭生产安全更可靠、经济更高效。

2013年10月于调兵山

前　言

大平煤矿三台子水库下压煤开采问题早在建矿之前就已引起有关主管部门的高度重视。20世纪80年代原东煤公司时期，当时的铁法矿务局就曾有过“买库疏干”的构想。

1993年，为满足矿井初步设计需要，在邻井田小康矿S1W3综放工作面施工4个覆岩破坏观测孔对导水裂缝带发育高度进行了观测。1997年，已故刘天泉院士等专家应邀来铁法进行实地考察，并提出了“关于铁法矿务局三台子二井水库下压煤开采的调研意见”。

限于当时煤矿开采技术水平以及对康平煤田综放开采覆岩破坏规律认识程度，各方面对三台子水库下开采的意见均倾向于普通分层综采。

2002年矿井试生产后，水库下开采提到议事日程。集团公司与大平煤矿反复研究，决定成立由集团公司及大平煤矿、沈阳煤炭科学研究所等联合组成攻关课题组，采用钻探与物探相结合的方法，详细了解矿井地质及水文地质条件，继续进行综放开采覆岩破坏规律的研究，待条件成熟后开展水库下试采。

经充分的技术准备和审慎的技术论证，2005年首个水库下试采面N1S1综放开采工作面正式回采。至2012年末，矿井采用综放开采方法，在三台子水库下已连续回采了5个工作面，安全采出煤炭3315万t。

大平煤矿水库下特厚煤层综放开采技术研究与实践，凝聚了铁煤集团及大平煤矿广大工程技术人员、水库下采煤课题组科研人员近10年的辛勤劳动,成果丰富、水平先进。

本书对大平煤矿水库下特厚煤层综放开采技术研究与实践成果进行了全面深入的总结。由于水平有限,书中不妥之处在所难免,欢迎有关专家、学者批评指正。

作者

2013年8月于沈阳

目　录

绪　论

康平县三台子水库位于沈阳市北 120km 的康平县境内。水库面积 $13.60km^2$,库容 $4500\times10^4m^3$,水深 0.8 ~ 2.6m。

三台子水库地处康平煤田的沉积中心。康平煤田为隐蔽型侏罗系煤田。煤层埋深 250 ~ 600m,倾角 6° ~ 8°,厚度一般 10 ~ 16m。水库下煤层赋存稳定,煤质好,构造简单。

康平煤田开采矿井主要是铁法煤业(集团)责任有限公司小康煤矿、大平煤矿。三台子水库处于大平煤矿井田中部,水库下压煤工业储量 1.33 亿 t,占全矿井工业储量的 49.4%。

大平煤矿井田南北长 8.7km,东西宽 3.6km,面积约为 $28.57km^2$,矿井保有工业储量 2.68 亿 t。矿井设计生产能力 2.40×10^6t/年,2005 年核定生产能力 4.10×10^6t/年。

按照《中国东北内蒙古煤炭集团公司铁法矿务局三台子二井修改初步设计说明书》,大平煤矿设计采用分层开采。预计导水裂缝带高度为 38.9 ~ 94.9m,符合国家《建筑物、水体、铁路及主要井巷煤柱留设与压煤开采规程》关于防水安全煤岩柱留设的相关规定。

康平煤田地层岩性软弱,井下巷道维护困难。据统计,大平煤矿煤巷支护成本一般 12000 ~ 19000 元/m,维护 3 ~ 5 次。如采用分层开采,高昂的软岩地压控制成本无疑会使矿井经济陷入艰难的境地。

采用综合机械化一次采全高放顶煤开采工艺,是大平煤矿解决软岩地压控制成本问题的一条较为有效的技术途径。但国内外没有水库下特厚煤层综放开采的先例,国家《建筑物、水体、铁路及主要井巷煤柱留设与压煤开采规程》关于防水安全煤岩柱留设规定中导水裂缝带预计、保护层厚度选取等,也明确注明不适于综放开采。

长期以来,软岩支护、水库下开采问题一直困扰着大平煤矿矿井建设与煤炭生产工作。矿井于 1991 年 12 月开工建设,后停建。2001 年 8 月矿井恢复建设,2002 年 9 月在北一采区库外采用综合机械化放顶煤开采方法开始试生产。

2004 年 5 月,矿井在完成了库外 N1N2、N1N4 两个综放工作面覆岩破坏导水裂缝带高度的实测,针对库区地层岩性结构、厚度、断层发育及导水性等进行了三次三维地震勘探后,联合沈阳煤炭科学研究所等单位,对北一采区南一段开展了水库下综放开采技术论证工作。经辽宁省煤炭工业管理局组织国内有关专家充分研讨,2004 年 6 月 18 日辽宁省煤炭工业管理局以辽煤安【2004】54 号文批复了水库下 N1S1 工作面综放试采方案。

水库下首个试采工作面于 2005 年 4 月 1 日正式回采。回采期间,围绕水体下安全开采问题,通过实地监测、物理勘探、室内模拟等手段,对综放开采顶板活动、地表移动、覆岩破坏、工作面涌水量监测、水质化验、钻孔封堵等展开了全面的试验研究。根据试验研究成果,试采工作面采高由最初的 8.69m 分两次逐步提高到 14.83m,最终将煤层一次采出。

N1S1 试采工作面于 2006 年 5 月 28 日回采结束。历时 14 个月,工作面累计推进 1242m,安全采出煤炭 471 万 t。

大平煤矿水库下综放试采成功,不仅在国内外煤炭开采史上开创了水库下特厚煤层综放开采的先河,也由此揭开了大平煤矿安全、高效、科学地回收水库下煤炭资源的序幕。

至 2012 年末,大平煤矿采用综放开采方法,在三台子水库下陆续回采了 N1S1、S2S2、S2N1、N1S2 和 S2S9 等 5 个工作面,累计采出煤炭 3315 万 t,企业实现利润 40 亿元。

矿井多年来水库下特厚煤层综放开采,积累了大量的水库下安全开采经验和研究成果。主要包括：

（1）通过3次三维地震勘探、16个覆岩破坏观测钻孔岩心资料、5个采掘工作面实践，对区域地层岩性结构、厚度，岩石矿物成分、物理力学性质，断层发育空间要素、导水性等重要水文地质信息有了清楚的掌握。

（2）经对大平、小康煤矿7个工作面、20个“三带”观测孔实测及数据分析，总结出了计算康平煤田综放开采覆岩导水裂缝带发育高度经验公式。EH－4电磁勘探、横纵波地震勘探，以及相似材料模拟试验、数值模拟等成果，综合展示了大平煤矿特厚煤层综放开采覆岩破坏特征与规律。

（3）通过对205个不同时期勘探钻孔封闭质量的检查和重新封堵实践，以及工作面回采探煤厚、控制采高，遇断层、钻孔探放水等工程，摸索出一整套有效防治采动裂隙、钻孔、断层导水危害，确保水库下安全开采的技术措施。

（4）建立了地面库水、地下各含水层水、井下矿井涌水“三位一体”的水质、水压、水量变化自动实时监测系统。通过对采动条件下地下水位变化规律的研究，分析评价水体危险度，为实现系统预警功能提供了可能。

大平煤矿三台子水库下特厚煤层综放开采实践经验和研究成果，完善和丰富了我国水体下采煤实践与理论，具有广泛的推广价值。

第1章　大平煤矿概况

1.1　井田位置与范围

大平煤矿位于沈阳市康平县境内的康平煤田。康平煤田位于康平、法库两县之间，南距沈阳市120km。203国道从煤田中部穿过。图1-1为康平煤田交通位置图。

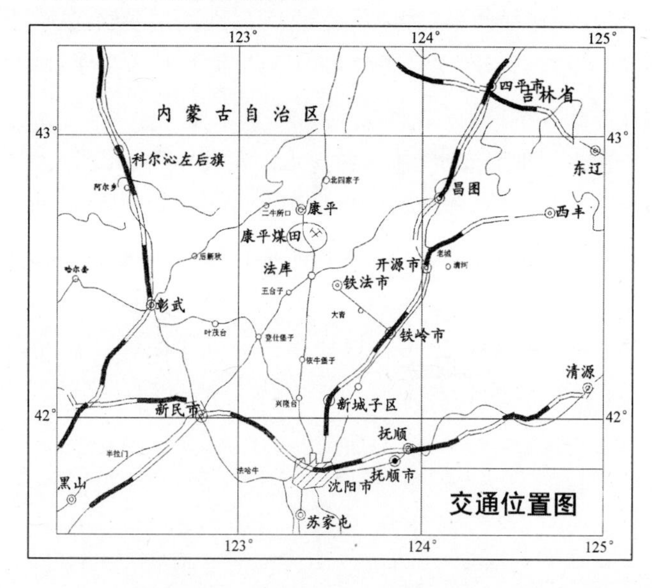

图1-1　康平煤田交通位置图

康平煤田开采矿井有铁法煤业(集团)有限公司大平煤矿和小康煤矿，以及康平县三台子煤矿、法库县边家煤矿。

大平煤矿位于煤田东部，大部分隶属于康平县东关镇所管辖，地理坐标为：

东经 123°18′11″~123°23′12″；

北纬 42°36′40″~42°41′13″。

井田东北以 F_1、F_2、F_3号断层为界与三台子煤矿、小康煤矿相毗邻，西南部以第 10 勘探线和 -300m 煤层底板等高线与边家煤矿相接。井田南北长 8.69km，东西倾斜宽 3.29km，面积为 28.57km^2。

大平煤矿北距康平县城 12km，南距法库县城 17km，距铁煤集团所在地调兵山火车站 31km，距铁岭火车站 67km，交通便利。

1.2 矿区自然地理概况

1.2.1 地形地貌

矿区位于北东走向的八虎山和调兵山两个背斜之间。中生代晚侏罗系中期，煤田普遍下降形成了湖泊相和泥炭沼泽相沉积——沙海组煤系。白垩系末一直限于侵蚀基准面之上，直至第四系仍接受剥蚀堆积，构成了现代剥蚀堆积丘陵地形。

大平煤矿井田地表为平缓的剥蚀堆积丘陵地形，西北部三官营子一带地形起伏较大。地面最大标高 +118m，最低标高 +79.4m，一般标高 +80 ~ +96m。井田西南部局部为冲积较低洼平原，地表一般标高在 +82m 左右。井田中部为三台子水库，库底地形标高由中心向四周逐渐增加，标高在 +79.4 ~ +82m 之间变化。

1.2.2 水系

本区无较大河流，只在井田中部有一人工水库——三台子水库。该水库于 1942 年—1944 年建成，坝址在辽河一级支流李家河上游。坝址以上集水面积 143km^2，库容 $4500 \times 10^4 m^3$，库存水量受大气降水影响较大，是一座以防洪为主、兼有灌溉和水产养殖功能的中型水库。

该水库水除地表迳流外，主要来源之一是李家河，属于季节性小河，另一来源为康平县城西的西泡子水库。

1.2.3 气候

本区气候多风少雨，春干冬旱，属大陆性气候，一般春、秋、冬三季多风，大至7～9级，瞬时达10级，小至2～3级。年最高气温+33℃，最低气温-32℃。结冻期从每年10月至次年4月，结冻深度1.45m，在0.8m处地温为+8.3℃。年平均降水量550mm，年最大蒸发量2516.4mm，平均蒸发量1700mm/年。

1.2.4 地震

根据1990年国家地震局编的《中国地震烈度分区图》，本区地震基本烈度为Ⅵ度，地震动峰值加速度为0.05g。

1.2.5 自然经济

井田所在地区是农业区，工业基础薄弱。但经过近几年的迅速发展康平县已经具备了一定意义上的工业基础，煤炭、电解铝、建材加工、农机制造、精密铸造、汽车零部件加工、纺织、服装、造纸、制糖、饮料酿造等工业门类齐全。康平县是国家重要商品粮基地县、半农半牧县和草场建设示范县，是三北防护林四期工程示范区。农副产品深加工资源丰富。

1.3 矿井储量和能力

大平煤矿于1991年12月开工建设，由于各种原因，曾两次停缓建。2001年8月1日正式恢复建设。

2002年9月，矿井首采面库外N1N2工作面开始试生产，2004

年10月矿井正式投产。

井田中部建有三台子水库，水库下压煤工业储量132725kt，占矿井工业储量的49.4%。三台子水库处于煤田沉积中心，水库下煤层赋存稳定，煤层构造简单，厚度大、煤质好。

大平煤矿井田及配套项目均由沈阳煤矿设计院设计。矿井设计生产能力2400kt/年，服务年限60年。2005年，核定生产能力4100kt/年。

截至2007年12月31日，大平煤矿保有资源储量总计2494330kt。其中：经济基础储量111b为2261330kt，占总资源量的91%；资源量333为233000kt，占总资源量的9%。

矿井采用立井单水平上下山开拓方式。工业广场位于井田中部，工业广场内设有主井、副井和风井，北侧划分三个采区，南侧为四个采区。

现生产采区为北一采区和南二采区。生产采区采用区段石门、集中大巷、采区上下山布置，如图1-2所示。

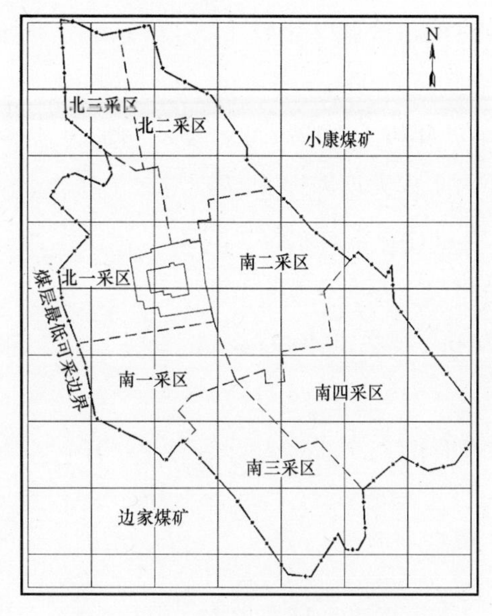

图1-2　大平煤矿井田开拓系统图

第2章　三台子水库概况

2.1　水库基本情况

2.1.1　水库概况

三台子水库地处辽宁省北部,辽河西岸。水库位于沈阳市康平县东关镇三台子村。四周为丘陵岗地,是一座洼地蓄洪类型的中型水库。

三台子水库始建于1942年,1944年建成。当时由于日伪负责设计和施工,修建标准较低。1950年—1952年间,进行了主坝迎水坡护坡石修补及渠道改建。1957年,经省水利厅批准又进行了续建,主要项目是修建3200m长坝段的迎水面护坡、2400m长坝段的坝后排水体,1958年竣工。1973年修建北输水洞,1982年修建南输水洞。2006年对水库大坝进行了加高培厚,重新改建两座输水洞。

三台子水库设计正常蓄水位+82.0m,相应库容1580万m^3;死水位+80.5m,相应库容520万m^3;设计洪水位($p=2\%$)82.96m,相应库容3480万m^3;校核洪水位($p=0.33\%$)+83.59m,相应库容4500万m^3。

三台子水库面积13.60km^2,总库容4500万m^3。历年平均径流量1430万m^3,径流深度0.1m。库底最低标高+79.2m,水深一般0.8~2.6m。

三台子三台子水库主要特征参数见表2-1。近年来水库参数变化见表2-2。

表2-1　三台子水库主要特征参数

项目	指标名称	数量
水库水位/m	校核洪水位	+83.49
	设计洪水位	+82.89
	正常蓄水位	+82.00
	死水位	+80.50
水库面积/km^2	正常蓄水位时	13.60
	死水位时	8.13
水库容积/$10^4 km^3$	总库容(校核洪水位以下)	4500
	设计洪水位时库容	3840
	调洪库容(校核洪水位至防洪限制水位)	2400
	调节库容(正常蓄水位至死水位)	1580

表2-2　三台子水库近年主要特征实测数据

年份	容积/万 m^3	面积/km^2	水位/m	最大水深/m
最大	5600	17.0	+83.98	5.58
最小	600	7.0	+80.20	0.8
2004年8月			+79.4	0.6-0.8
2005年6月	450	7.0	+80.4	1.0
2005年8月12日	1300	10.0	+81.4	2.0
2005年8月18日	2260	14.0	+82.1	2.7
2006年9月8日	2100	13.5	+82.0	2.6
2007年5月1日	2150	13.6	+82.0	2.6
2008年5月1日	2160	13.6	+82.0	2.6

2.1.2　区域自然地理

三台子水库所在地康平县北为内蒙古自治区科左后旗,南临法库,西与阜新市彰武县毗连,东隔辽河与铁岭市昌图相望。该区地理上为平原丘陵相接地带,西南部为大兴安岭医巫闾山余脉,北部为科尔沁沙地东南缘,东部为辽河冲积平原。地势西高东洼,南丘北沙,地形起伏,高低不平。三台子水库地理位置如图 2-1 所示。

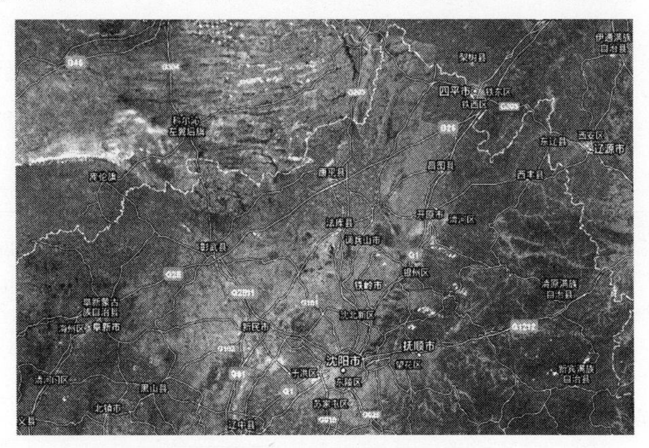

图 2-1　三台子水库地理位置

区域土地生态环境较差,北部经常遭受风沙侵害,西南部低丘漫岗区水土流失严重,东部低洼平原面临着内涝与外洪威胁。由于风沙盐碱,人少地多,素称辽宁“北大荒”。

2.1.3　主要枢纽建筑物

三台子水库大坝(图 2-2)为人工填土分层碾压而成,为均质土坝。坝基土主要成分为粉砂和泥岩、砂岩,人工填土主要成分为粉质黏土(上部为薄层碎石土)。

水库主坝长 4120m、副坝长 1650m。主坝路为沥青路面,厚度 0.36m,最大坝高 7m,坝顶高程 +86.1m,坝底高程 +79.4m。坝顶宽度 5m,坝底宽 40m。

水库大坝上游坡比 1:2.5,采用干砌石护坡。结构形式为干砌石 400mm,碎石层厚 200mm,砂层厚 150mm。下游坡比 1:2.0,采用碎石护坡,厚度 200mm。下游坝脚排水体采用干砌石贴坡,反滤体为

图 2-2　三台子水库大坝照片(2011 年摄)

碎石,厚 200mm,砂厚 200mm。

输水洞为有压钢筋混凝土方涵,最大泄量为 $34m^3/s$。南输水泄洪洞为双孔方涵,涵洞尺寸为 1.5m×1.5m;北输水泄洪洞为三孔方涵,涵洞尺寸为 1.5m×1.5m。

三台子水库设计洪水标准为五十年一遇,校核洪水标准为三百年一遇。

2.2　经济生态功能

2.2.1　上下游水源

三台子水库坐落在辽河一级支流李家河上游。李家河上游河长 19km,平均比降 3.6‰,控制水域面积 $143km^2$。水库下游为宽阔的低平耕地,通过南干渠、中央排干两条渠入李家河,河道平均比降 4.8‰。

三台子水库入库水主要来源于水库坝址以上集水面积范围内降雨产生的地面径流。除地表径流外,库水另一主要来源为李家河。

李家河为季节性河流，发源于法库老灵山和康平西官边台子两地，径流于大平煤矿井田南部注入库水。枯季无水，雨季水量偏大，最大洪水流量 50 ~ 60m^3/s。库水另一来源是经人工渠间接引辽(河)入库和直接引于康平县城西的西泡子水。人工渠长度 15km，渠宽 10m，最大排水量 20m^3/s 左右。

三台子水库集雨面积较小，上游多年来又修建了大量水土保持工程，所以入库洪水汇流时间长，洪峰小。表 2－3 为库洪峰及暴雨情况表。图 2－3 为水库区域水系图。

表 2－3　库洪峰及暴雨情况表

设计年限	暴雨/mm		洪峰流量/(m^3/s)	洪水总量/万 m^3
	24h	3 天		
千　年	331	395	1590	3729
百　年	233	279	961	2230

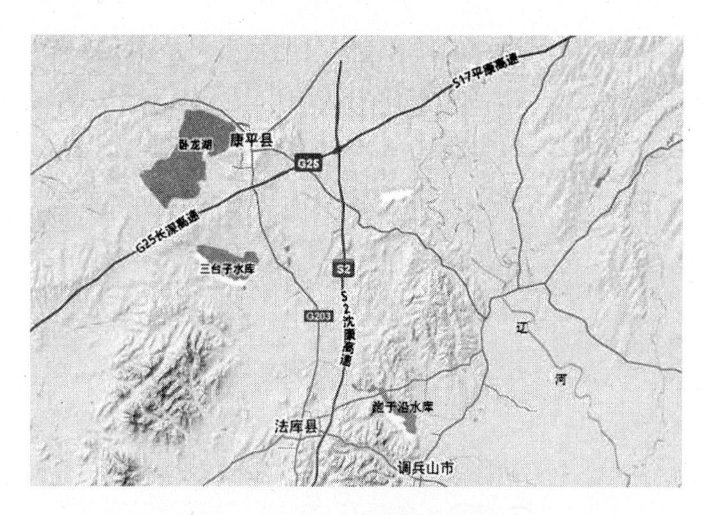

图 2－3　三台子水库区域水系

三台子水库下游承泄河道主要为中央排干，其最大承泄能力为 34m^3/s。中央排干入李家河，李家河承泄能力为 38m^3/s。

2.2.2 经济生态功能

三台子水库是一座以防洪为主、兼有灌溉和水产养殖功能(图2-4)的中型水库。水库正常洪水调度原则为:以蓄为主,不泄洪。当预报有千年洪水时,汛前控制水位在汛限水位+82.0m以下,以输水洞调度(图2-5)。

图2-4 水库螃蟹丰收照片(2011年摄)

图2-5 2010年8月21日暴雨过后

三台子水库影响下游东关镇的三台子村、朝鲜街、李先窝堡、王家店、顾家屯等5个乡镇的20余个村屯,1个农场,人口5万人,耕地1.8万亩,以及小康煤矿及矿区铁路,还有坝下203国道等省级公路2条,桥梁4座。

三台子水库与卧龙湖间有一条承水路。卧龙湖原名西泡子湖，水域面积 64km^2，滩涂面积 48km^2，为省级自然保护区(图 2－6)。

图 2－6　湖面的天鹅

卧龙湖是辽宁最大、东北第二的内陆型天然湿地，素有“沈阳北海”、“沈阳之肾”的美誉。

卧龙湖地处科尔沁沙漠南缘、是辽宁西北部半干旱区向中部平原湿润区过渡的生态敏感地带，具有抵御科尔沁沙漠南侵、调节改善沙化地区干旱气候、净化空气、补充地下水等重要环境功能。湖区生存着 136 种鸟类，600 多万只。其中有国家一、二级鹤、鹳等各种珍稀野生鸟类 22 种(图 2－7)。

图 2－7　刚孵化出的鹳幼雏

第3章　井田地质概况

3.1　地　层

大平煤矿井田位于三台子煤田西南侧，区内地层系统与区域地层基本一致。前震旦系变质岩系构成煤田之基底，白垩系含煤地层直接不整合于老地层之上，再上为第四系。图3－1为大平井田煤系地层综合柱状。

3.1.1　前震旦系变质岩系(AnZ)

构成井田基底，它与上覆白垩系不整合接触。本地层除煤田边缘有出露外，在井田的西部和南部边缘，约有40多个钻孔打到基底遇到该系。岩性为绿色片岩，在井田东部由于含煤地层沉积较厚，钻孔没有遇到，但在第6勘探线以西最深为650m。

3.1.2　侏罗系上统(J_3)

1. 建昌组(J_{3jc})

该组地层出露甚少，主要分布在东岗子、孙家屯及孟家窝堡一带，井田东部边缘只有4号钻孔于624.48m处遇到该层，岩性为火山集块岩，具有气孔构造，并有燧石充填，方解石脉发育。该组地层，厚度最大50.5～160.3m，与前震旦纪变质岩系呈不整合接触，直接覆于其上。

地层系统					符号	地层柱状	厚度/m 最大/最小 一般	岩性描述及化石
界	系	统	组	段				
新生界	第四系				Q	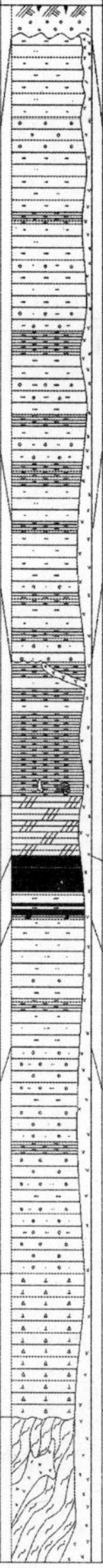	15/3 7	腐植土，黏土，砾岩 （不整合）
中生界	白垩系	下统	孙家湾组	紫色砂岩层	K_{1S}^{2}		660/220 350	以紫色粉砂岩、细砂岩为主，并夹砂质泥岩、中砂岩、粗砂岩，下部紫红色层及灰绿色层呈交互层，其岩性以泥质为主，较易风化
				灰绿色砂泥岩	K_{1S}^{1}		89/2.3 40	以灰绿色粉砂岩、细砂岩为主，夹砂质泥岩或中砂岩及粗砂岩，并夹薄层砂砾岩，其底部普遍有一层较厚的砂砾岩层沉积 （不整合或平行不整合）
	侏罗系	上统	三台子组	泥岩段	J_{3S}^{5}		75/2 18	上部泥岩层为灰绿色泥岩，夹粉砂岩、细砂岩，偶夹薄层砂砾岩，顶部含黄铁矿晶体，下部为黑色泥岩
							38/2.8 14	下部黑色泥岩夹深灰色粉砂岩，富含动物化石
				油页岩段	J_{3S}^{4}		36/2.1 15	黑褐色油页岩夹黑色泥岩、泥灰岩及菱铁矿透镜体
				含煤段	J_{3S}^{3}		58/0.59 20	煤，煤层有3~39个自然分层，为一复合煤层，1、2层普遍发育，3层零星分布，最大可采厚度16.67m。夹石由煤质页岩、黑色泥岩、油页岩及粉砂岩组成
				砂岩段	J_{3S}^{2}		240/25 150	由灰色、灰白色砂岩组成，间夹泥岩、粉砂岩、砾岩或薄煤线
				底部砂砾岩	J_{3S}^{1}		300/50 170	主要以紫红色、灰色、灰绿色、灰白色砾岩为主，夹砂岩、砂质泥岩及砂砾岩，顶部以灰色砾岩、砂砾岩较多，中下部主要为灰绿色和紫红色砾岩，砾石成分以片麻岩为主，并含有火成岩、石英砾岩 （平行不整合）
			建昌组	火山岩	J_{3J}^{n}		160/50 100	以火山集块岩为主，夹薄层安山岩，岩块有小气孔，其中有燧石充填 （不整合）
太古界	前震旦系				A_nZ			以片麻岩、片岩为主，有花岗岩及闪长岩侵入

图3－1　大平煤矿地层综合柱状图

2. 三台子组(J_{3s})

1）底部砾岩段(J_{3s^1})

在井田中部和西南边缘一带，有50多个钻孔控制该层，主要以紫红色、灰绿色砾岩为主，并夹有薄层砂岩。多为泥质胶结，砾石的磨圆度较差，多具有棱角，砾石分选性亦较差，砾石成分多以绿色片岩、花岗片麻岩为主，同时亦混有少量的石英及火山岩砾石，砾径多为20～60mm。该段地层平行不整合覆于建昌组之上，厚度50.4～300.6m。

2）砂岩段(J_{3s^2})

由灰色、灰白色砂岩组成，夹深灰色泥岩、粉砂岩及砂砾岩，砂岩成分以石英、长石为主，胶结物主要为泥质，钙质较少见。岩石层理不发育，在砂岩段中偶夹有薄煤层及炭质页岩。该段厚度变化规律是从西向东，由南向北沉积逐渐加厚。本段厚25.4～240.3m。

3）含煤段(J_{3s^3})

主要以煤层为主，间夹炭质页岩、黑色泥岩、油页岩及粉砂岩。煤层由2～39个自然分层组成，累计最大可采厚度16.67m。井田内煤层可划分为三个可采煤层。其中一、二煤层发育普遍，一煤层为主要可采煤层，三煤层则零星分布，井田内只有5个钻孔厚度可采，无工业价值。该段沉积规律为：以153号孔和434号孔为中心，呈北85°西展布，向两侧逐渐变薄。含有松柏类和银杏类植物化石。整个含煤段的厚度为0.59～58.7m。

4）油页岩段(J_{3s^4})

为煤田内主要标志层，以黑褐色油页岩为主，夹黑色泥岩、粉砂岩、泥灰岩及菱铁矿透镜体。底部普遍有一层薄黏土层，厚度不超过2cm。距煤层顶板8～14m，是见煤前的良好标志。本段含有叶肢介及介形虫生物化石。油页岩结构复杂，含油品位低，目前无工业价值。该段厚度2.1～36.9m。

5）泥岩段（J_{3S^5}）

（1）下部动物化石层。以黑色泥岩为主，夹有深灰色粉砂岩，本层中富含蚌、螺及介形虫等生物化石。本层厚1.22～38.7m。

（2）上部泥岩层。与上覆白垩系呈不整合或平行不整合接触。本层主要以灰绿色、黑色泥岩为主，夹有粉砂岩、细砂岩。本层泥岩质软易碎，遇水后有膨胀现象。钻探施工中，常发现有缩孔现象，该层厚2.41～75.4m。

3.1.3 白垩系孙家湾组（K_{1S}）

1. 灰绿色砂泥岩段（K_{1S^1}）

以灰绿色粉砂岩、细砂岩为主，夹泥岩、粗砂岩和砂砾岩。胶结物为泥质，松软易碎，砂岩的成分以石英为主，长石次之。砂砾岩中的砾石成分以花岗片麻岩为主，石英岩及沉积岩次之；砾石磨圆度较好，砾径多为5～30mm。本层厚度2.3～89.1m，与下覆地层平行不整合接触。

2. 紫红色砂岩段（K_{1S^2}）

以紫红色粉砂岩、细砂岩为主，夹泥岩、粗砂岩及砂砾岩。该层向下与灰绿色砂岩泥岩层呈过渡关系，形成红绿相互交替而逐渐过渡到灰绿色。砂岩一般分选较好，层理不明显，多为泥质胶结，松散易风化。本层厚220.8～660.2m。

3.1.4 第四系（Q_4）

井田内除在丘陵高岗地带有些白垩系地层表露外，其余均被第四系所覆盖。本系上部由0.20～0.50m黑色腐植土组成；中部为0.20～17.0m灰黄色亚黏土；下部由1.50～5.0m黄色粗砂组成，底部含有砾石。本系厚3.3～15.1m。

3.2　地质构造

3.2.1　井田构造特征

大平煤矿位于三台子向斜的西南部，占据向斜的大部分，煤层走向大体呈北西方向，岩层倾斜平缓，一般为 7°~9°，向井田边缘地层倾角增大，最大可达 23°，如图 3-2 所示。

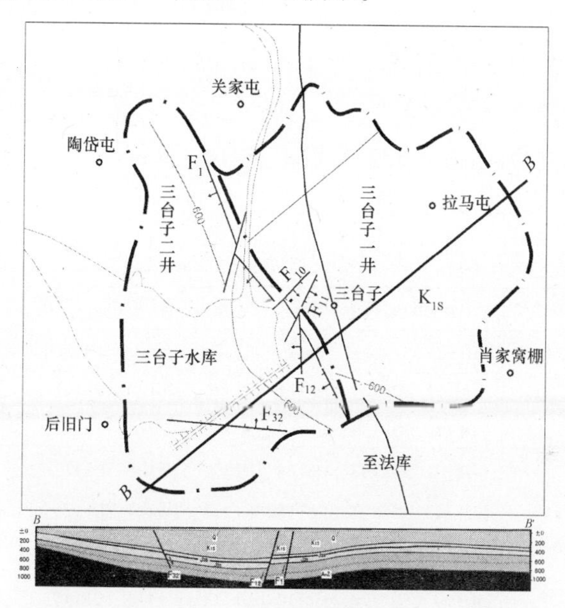

图 3-2　构造演化地质剖面图

井田内构造以断裂为主，大、中型断层不多且很少互相切割交叉，含煤地层沿走向、倾向的产状变化不大，仅局部受岩浆侵入的影响，对煤层影响不大。

3.2.2　断裂构造

综合精查报告、四次三维地震勘探成果及小康井田生产地质报告结论,确定大平煤矿煤层中落差大于 3m 的断层 202 条,另有 2 条断层在第四系地层之中发育(SDF147 、SDF148)。其中除 F_1、F_2、F_3、F_6、F_{37}、SDF128、SDF149 七条断层落差较大外(30m 以上),介于10 ~ 30m 的断层 50 条,其余均小于 10m。

井田精查(最终)地质报告记述,水库范围内的断层有 6 条(F_{10}、F_{33}、F_{34}、F_{35}、F_{36}、F_{41})。经三维地震解释,库区煤层中共发现落差大于 3m 的断层 45 条,发育特征如下:

性质相同:全部为张性及张扭性正断层。

发育方向:以走向北北西、北北东向断层为主。

断层倾角:40° ~65°。

断层规模:落差大于 30m 的 1 条,10 ~20m 的 10 条,5 ~10m 的 17 条,3 ~5m 的 17 条,见表 3 -1。

表 3 -1　库区断层落差分布

落差 H/m	断层名
$H \geqslant 30$	SDF128
$20 > H \geqslant 10$	SDF107、SDF109、SDF114、SDF116、SDF120、SDF127、SDF129、SDF130、SDF139、SDF143
$10 > H \geqslant 5$	SDF101、SDF103、SDF104、SDF105、SDF108、SDF112、SDF113、SDF117、SDF118、SDF121、SDF124、SDF125、SDF126、SDF134、SDF137、SDF142、SDF145
$5 > H > 3$	SDF102、SDF106、SDF110、SDF111、SDF115、SDF119、SDF122、SDF123、SDF131、SDF132、SDF133、SDF135、SDF136、SDF138、SDF140、SDF141、SDF144

发育高度:断层在地震时间剖面上表现为下大上小,落差 5m 以上断层均发育于煤层中,向上且穿白垩系底界面后落差变小,直至尖灭。发育高度达到地下深 60 ~200m 的断层有 SDF107(-120m)、SDF109(-200m)、SDF112(-60m)、SDF125(-110m)、SDF128(-180m)、SDF139(-120m)、SDF143(-140m)。

断层分布：由南至北，在 SDF113、SDF120、SDF139、SDF143 附近，分 4 个区域呈带状分布。

3.2.3 断层含水性及导水性

据井田地质报告，钻孔所见断层尚未发现漏水。并在下列断层进行了抽水试验：

F_{32}断层走向北西 79°，倾向北东，倾角 70°，落差 18m。161 号孔在 559.10m 见断层点。在 45～582.00m 段（包括白垩系与侏罗系含水层）进行抽水试验：$q=0.00193L/s\cdot m$，$K=0.0011m/d$。

F_{33}断层走向北西 43°，倾向北东，倾角 70°，落差 12～30m。365 号孔在 490.18m 见断层点。在 75～510.00m 段（包括白垩系与侏罗系含水层）进行抽水试验：$q=0.00419L/s\cdot m$，$K=0.0063m/d$。水温 10℃，水质 Cl－Na 型水。411 号孔在 533.12m 见断点，缺失煤层。474.38～544.30m 段进行抽水试验结果：$q=0.000181L/s\cdot m$，$K=0.00289m/d$。水温 10℃，水质 $ClHCO_3-Na$ 型水。

F_{42}断层走向北西 30°，倾向南西，倾角 70°，断层落差 45m。425 号钻孔在 670.48m 见断层点，缺失动物化石层和部分油页岩。在 400～600m 和 400～675.61m 两段进行抽水试验，结果为：前段 $q=0.00012L/s\cdot m$，$K=0.00041m/d$；后段 $q=0.00034L/s\cdot m$，$K=0.00045m/d$。水温 13～16℃，水质 $ClSO_4-Na$ 型水。

断层抽水试验及水质分析结果表明，断层的富水性弱，导水性差。

鉴于库区断层规模不大，破碎带的厚度小，并为泥质物充填紧密，可谓闭合断层。矿井采掘所遇断层，导水极弱，对矿床充水无甚影响。

3.3 煤层与煤质

3.3.1 煤层

大平煤矿井田含煤地层为白垩系下统三台子组含煤段(K_{1s^3})。含煤地层由煤层、炭质页岩、黑色泥岩、油页岩及粉砂岩组成。厚度2.22~44.77m,一般15m左右。含有2~39个煤分层,纯煤厚度0.52~21.47m,一般为8m;可采厚度0.80~16.67m,一般为6m。

煤层编号自上而下为1煤层、2煤层、3煤层三个煤层。1煤层全区发育,结构较为简单,只是在矿区东部边缘结构变为复杂些,逐渐分叉,层间夹石加厚;2煤层分布在井田中部,其范围略小于1煤层;3煤层零星分布,仅52、64、184、377、433号钻孔可采,为不可采煤层。表3-2为大平煤矿井田各层煤厚度及间距表。

表3-2 大平煤矿井田煤层厚度及间距

<table>
<tr><th>煤层</th><th>煤组厚度/m</th><th>纯煤厚度/m</th><th>可采厚度/m</th><th>煤层间距/m</th></tr>
<tr><td rowspan="2">1</td><td>0.58~14.03</td><td>0.29~10.39</td><td>0.73~10.18</td><td rowspan="3">0.12~13.77</td></tr>
<tr><td>8.00</td><td>6.00</td><td>5.50</td></tr>
<tr><td rowspan="2">2</td><td>0.15~8.74</td><td>0.15~7.18</td><td>0.70~7.18</td></tr>
<tr><td>3.00</td><td>2.00</td><td>1.70</td><td rowspan="3">2.62~24.43</td></tr>
<tr><td rowspan="2">3</td><td>0.10~6.54</td><td>0.10~2.78</td><td>0.73~1.84</td></tr>
<tr><td>2.50</td><td>1.50</td><td>1.00</td></tr>
</table>

井田内1煤层、2煤层为可采煤层,分述如下:

1煤层沉积稳定,但从第12剖面以东,在矿区的南部,1煤层逐渐分叉,把1煤层自然分三层:1_{-1}煤层、1_{-2}煤层、1煤层。

1_{-1}煤层、1_{-2}煤层零星分布,为不可采煤层。

1 煤层较稳定,结构较简单,煤层厚度大,全区可采。煤层直接顶板为油页岩,底板为深灰色粉砂岩,煤层由 2 ~ 21 个自然分层组成,煤层总厚 0.58 ~ 14.03m,可采煤厚 0.80 ~ 10.18m,夹矸厚 0.14m ~ 3.88m。

2 煤层较稳定,结构较简单,区内大部可采。2 煤层顶板为黑色泥岩及深灰色粉砂岩。底板为灰色、深灰色粉砂岩,煤层由 2 ~ 10 个自然分层组成,总厚 0.15 ~ 8.74m,可采厚 0.80 ~ 7.18m,夹矸厚 0.15 ~ 1.50m。

3.3.2 煤质

井田内煤为褐黑色,条痕褐色,沥青 - 弱玻璃光泽,贝壳状断口,个别为参差状断口,节理不发育,条带状结构,层状构造。在亮煤条带中常见两组垂直层面的内生裂隙,一组发育,另一组次之。裂隙面平坦,在裂隙中常带有方解石及黄铁矿薄膜充填。这种裂隙是煤中凝胶化物质在煤化过程中受温度压力影响,内部结构变化,体积均匀收缩产生内张应力形成的。

从 410 号孔和 434 号孔煤岩样的鉴定可知,本井田成煤的原生物质为高等陆生植物。宏观煤岩特征为亮煤和半亮煤,亮煤呈条带及透镜体状,条带厚度为 2 ~ 10mm,个别为 10mm 以上。煤层中常见有薄层丝炭,疏松多孔,性脆易碎,染指,有明显的纤维状结构和丝绢光泽。

在透射光下观察,以凝胶化物质为主,含量为 86.38% ~ 92.55%,主要为均一镜煤、结构镜煤、凝胶化基质等;其次为丝炭化物质,含量为 1.9% ~ 8.98%,以木质镜煤丝炭、丝炭为主,少量为镜煤丝炭及丝炭化基质;稳定组分含量在 2% 以下,常见有小孢子、小孢子堆、镶边角质层等。

井田内煤层的煤质牌号单一,为长焰煤。一、二煤层各项煤化学指标和工艺性能变化不大,为民用和工业动力用煤。主要煤质特征技术指标如下：

水份(Mad)：原、浮煤水份产率变化不大，一般10% ~15%，属中水份煤。

灰份(Ad)：原煤30% ~38%，浮煤一般不超过15%，属中灰份煤。

挥发份(Vdaf)：一般41% ~45%，原煤43%左右，浮煤42%左右，属高挥发份煤。

黏结性：原煤1~3，浮煤1~3。

发热量(Qgr，d)：原煤19.16 ~21.66MJ/kg，浮煤26.67 ~28.73MJ/kg，属中等发热量煤。

硫(Std)和磷(Pd)：硫在1.0%左右，最高达2.5%，在分析各种硫的样品中，硫酸盐硫含量低，硫化铁硫高，有机硫次之。磷含量为0.010% ~0.030%，属中硫，低磷煤。

碳：多数为76% ~80%。

灰熔点：1200 ~1350℃，介于高熔、中熔灰分之间。

3.4 水文地质

3.4.1 地表水系

矿区属于侵蚀堆积丘陵地形。在西北部三官营子一带，地形起伏较大，最大标高为+118m，最低标高为+79.4m，高差38.6m，一般标高+80~ +96m，仅在井田西南部出现了局部冲洪积较低洼平原，一般标高+82m左右。

区内无较大河流，只在井田中部有一人工水库。该水库集水面积143km^2，历年平均径流量1430万m^3，径流深度0.1m。多年平均降水量550mm，蒸发量1700mm/年。库水除地表径流外，主要来源之一是李家河。李家河发源于法库老灵山和康平西官边台子两地，径流于井田南部注入水库,集水面积 59.9km^2,河长 19km,河宽一般 10~20m,比降 4.79%,枯季无水,雨季水量偏大,最大洪水流量50~60m^3/s(1958 年 8 月),属于季节性小河。水库水的另一来源是经人工渠间接引辽(河)入库及直接引于康平县城西的西泡子水,渠长 15km,渠宽 10m,最大排水量 20m^3/s 左右。

水库底部普遍有一层 0.2m 左右的较松散的粉细砂,渗透系数 0.0404~1.01m/d,处于饱和状态。再向深部 0.2~2.66m 则为亚黏土及黏土所组成,渗透系数 0.00183~0.342m/d,为透水层,而再向深部 2.66m 以下的亚黏土及黏土,渗透系数则小于 0.001m/d,均为不透水层及隔水层。

水库库底最低标高 +79.20m。据 2004 年 5 月实地探测,库底淤泥层厚度 0.3~1.0m,平均厚度 0.6m。图 3-3 为三台子水库库底等高线图。

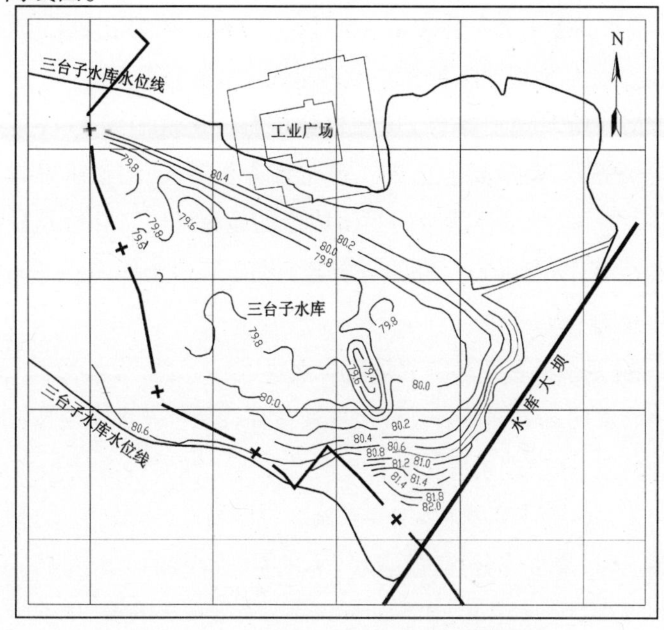

图 3-3 大平煤矿三台子水库库底等高线图

3.4.2 含水层

1. 侏罗系直接充水承压含水层

该层主要由灰白色砂岩及砂砾岩组成。泥质胶结,结构致密质软。赋存于煤层的中下部,分布在井田边缘厚约5m,中部厚10m左右,一般厚度5~10m。埋藏深度300~850m,平均深度575m,由西南向东北逐渐加深。

该含水层含水性及透水性很弱,全井田均属于弱含水区,根据抽水试验又将弱含水区划分三个亚区;第一亚区即井田南部 $q=0.002\sim0.0043$L/m·s,$K_1=0.0037\sim0.0063$m/d;第二亚区井田北西两边部 $q=0.001\sim0.002$L/m·s,$K_2=0.000664\sim0.0037$m/d;而第三亚区井田北部更弱 $q<0.001$L/m·s,$K_3=0.00012\sim0.000664$ m/d。水位标高+60.77~+79.45m(425号孔水位标高+60.77m,161号+79.45m),南高北低。涌水高度1.73~17.0m(365号孔1.73m,184号孔8m,224号孔17m),随含水层底板加深而增高,北高南低。水温13℃。

该层补给与迳流条件,从水质分析看:pH值平均8.1,最高达9.1,耗氧量7.78,最高达9.94。矿化度亦很高,说明该水是处于深层、高压、缺氧、导水性甚微的封闭构造的还原环境。补给及径流条件都很迟缓,因而富集大量的可溶盐,形成了 $Cl\cdot HCO_3-Na$、$Cl-Na$、$Cl\cdot SO_4-Na$ 型水。

2. 白垩系砂岩及砂砾岩承压含水层

该含水层水根据其岩性和沉积建造环境条件及水文地质特征等可分为两段,即白垩系风化带含水段及白垩系微弱含水段。

白垩系风化带含水段,主要由紫红色砂岩及砂砾岩组成,其成份以石英、长石为主,结构松散破碎,砾径不一,一般5mm左右。深度45.70~77.25m(161孔49.34m、184孔77.25m,419孔51.92m,414孔45.70m,417孔66.83m),平均58.47m,西北较深,东南部较浅。

厚度 10.73 ~ 62.34m（161 孔 22.64m，184 孔 62.34m，414 孔 10.73m，417 孔 22.35m，419 孔 36.82m），平均 31.30m，随深度加深而增厚，由东南向西北逐渐增厚。白垩系风化带等高线图和等厚线图如图 3－4、图 3－5 所示。

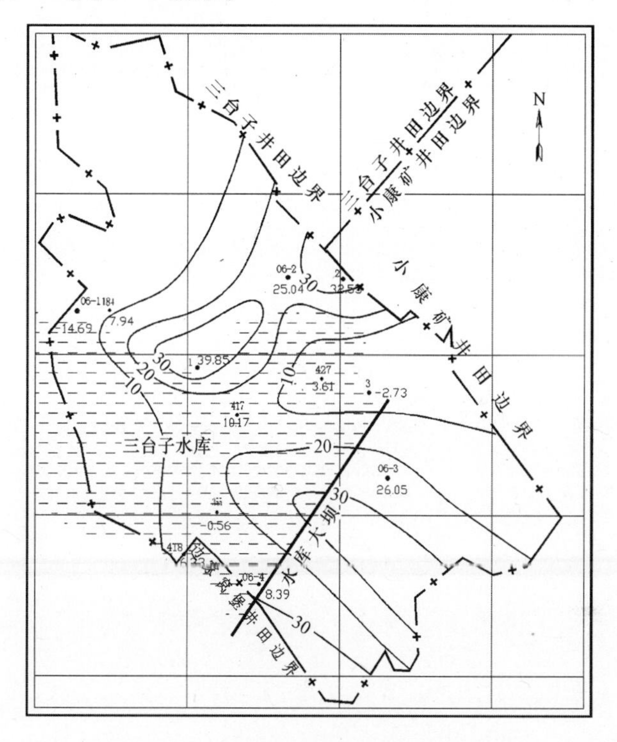

图 3－4　大平煤矿白垩系风化带等高线图

含水性及透水性较强 $q=0.0560 \sim 0.37\text{L/m}\cdot\text{s}$，$K=0.0815 \sim 1.37\text{m/d}$，平均 0.726m/d（161 号孔 $q=0.37\text{L/m}\cdot\text{s}$，$K=1.37\text{m/d}$，184 号孔 $q=0.0569\text{L/m}\cdot\text{s}$，$K=0.0815\text{m/d}$）。水位标高 +79.59 ~ +84.93m（123 号 +84.93m，109 号 +83.02m，161 号 +79.59m，184 号 +82.084m）。由东北流向西南，并在浅部 15 ~ 17m 深处发现有漏水现象，最大漏水量 6 ~ 7m^3/h。据 109 号、123 号孔水质分析资料，水质为 HCO_3-Ca 型水。

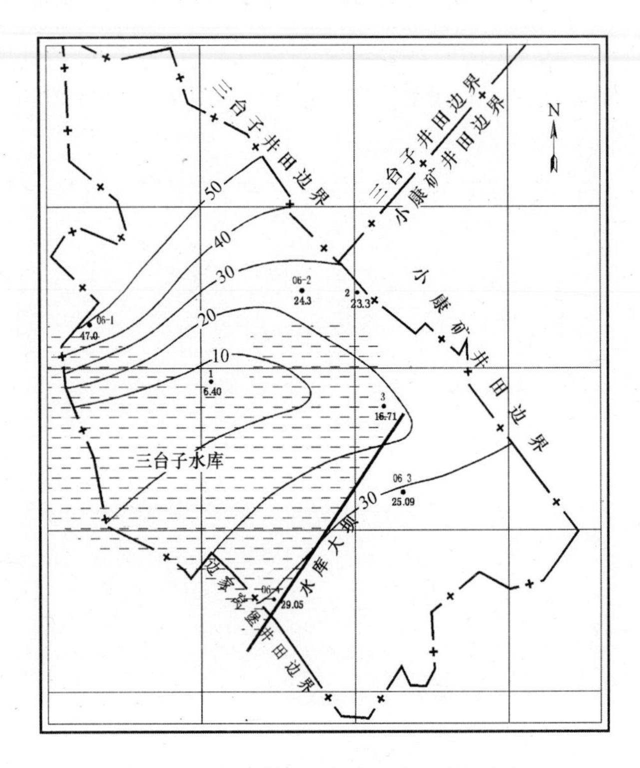

图 3-5　大平煤矿白垩系风化带等厚线图

白垩系微弱含水段主要由灰绿色砂岩及砂砾岩组成,为泥质胶结,其结构较上部风化带含水段致密。含水性及透水性比较弱,据 184 号孔抽水资料 $q=0.00192\mathrm{L/m\cdot s}$,$K=0.00101\mathrm{m/d}$。据该孔水质分析资料为 $ClHCO_3-Na$ 型水。

该层水赋存深度由西南向东北逐渐加深,深度变化 150~700m,厚度 50~200m,平均 118.964m。它与相对隔水层(厚 100~500m,泥岩、粉、细砂岩,平均厚 300m)成犬齿交错沉积在一起。其水位标高 +79.2~+87.6m,由东北流向西南(614 号 +87.6m,676 号 +85.29m,161 号 +79.29m),水温 10℃左右。

据水质分析结果,该层风化带含水段水主要来源大气降水的直接补给,原因为白垩系风化岩石直接裸露地表所致。风化带下部含水段靠上部风化带含水段水的垂直渗透补给。因此,上段含水性及透水性强于下段,同时径流条件也好于下部含水段。总之,越向深部径流条件越差,其排汇条件也很差,仅在局部(如小城子北约300m处)白垩系露头处有上升泉汇出,水量为4.93m^3/h。

3. 第四系砂及砂砾承压含水层

在井田内绝大部分无该含水层,大部被残坡积亚黏土及黏土所覆盖。仅在井田东南角有一舌状冲洪积地带,面积约5km^2。

在8.52~13.47m厚亚黏土及黏土之下赋存该含水层。主要成分为以石英、长石为主的砂及砂砾。其厚度由西向东逐渐增厚0~2.33m(水1号2m,水2号0m,水13号2.33m,水22号1.6m)。

据调查,该含水层含水性及透水性:水32号q=1.3L/m·s、K=0.78m/d。水位标高+80.3~+80.5m,(水1号+30.5m,水13号+80.3m,水32号+80.5m)。由西南流向东北。水量按单井达最大降深为25m^3/h,水温10℃。底板埋藏深度10.85~15.07m(水1号14.79m,水13号10.85m,水22号15.07m)。大平煤矿第四系等高线图和等厚线图如图3-6、图3-7所示。

根据抽水试验及水质分析结果,该层水主要来源于大气降水补给,但径流条件很差,含氟量高达1.3mg/L。乃地势低洼,水交替作用差,径流迟缓,蒸发强烈,化学元素积聚所致。正因如此,含水层其排泄条件更差,但与附近白垩系风化带含水段有微弱水力联系。

3.4.3 隔水层

1. 第四系黏土及亚黏土隔水层

第四系隔水层主要由黄色或黄褐色黏土和亚黏土组成,结构密实,含铁质结核,具可塑性,干硬。其分布西北薄东南厚1.3~13.47m,

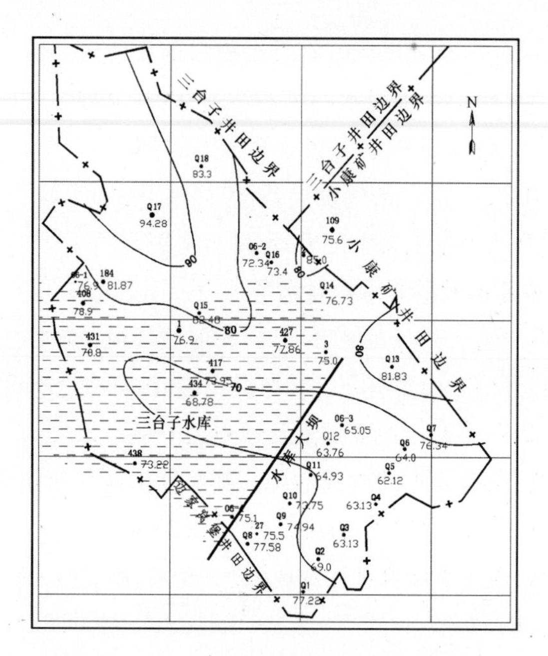

图 3－6　大平煤矿第四系地层底板等高线图

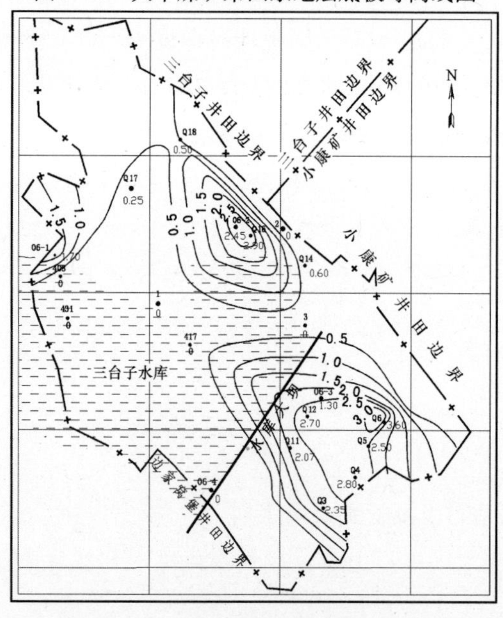

图 3－7　大平煤矿第四系地层等厚线图

平均 7.2m。在水库底部的南北两侧约 6m,中部较厚约 11m,平均 8m 左右。据土工试验成果表明在 2.66m 以下均起隔水作用。矿井水文地质柱状图如图 3-8 所示。

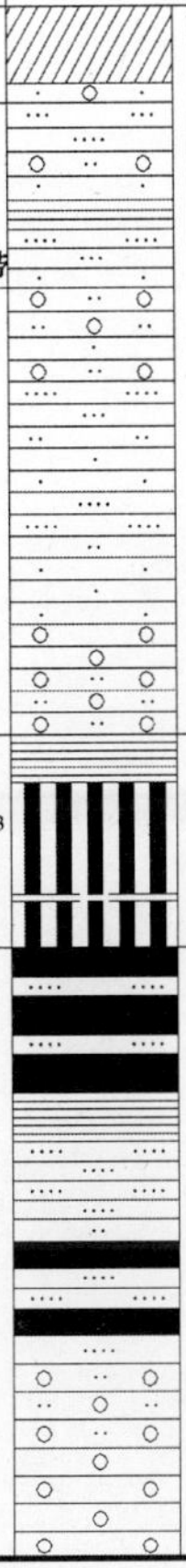

地质年代		柱状	深度/m $\frac{最大}{最小}$ 平均	含水层及隔水层厚/m $\frac{最大}{最小}$ 平均	含水层及隔水层岩石名称/m	岩性
Q			$\frac{15.07}{1.30}$ 7.4	$\frac{2.33}{0}$ 0.2	砂及砾岩	黄色,主要以石英成分为主的砂及砾岩所组成,松散
K	K_1^{1-2}			$\frac{13.47}{1.30}$ 7.2	黏土及亚黏土	黄色或黄褐色,塑性较强,结构致密,干硬
	风化带		$\frac{77.25}{45.70}$ 65.61	$\frac{62.34}{10.73}$ 31.036	粗砂岩及砂砾岩	紫红色,砂岩及砂砾岩,松散,破碎,裂隙发育
				$\frac{44.18}{14.91}$ 27.17	泥、粉细砂岩	紫红色,质软,遇水易崩解
	K_1^{1-1}		$\frac{700}{150}$ 484.6	$\frac{200}{50}$ 118.964	粗砂岩及砂砾岩	灰绿色,砂岩及砂砾岩较疏软,裂隙不发育
				$\frac{500}{100}$ 300	泥、粉细砂岩	灰绿色,泥、粉、细砂岩较致密
J	J_3^{2-2-3}		$\frac{770}{136}$ 545	$\frac{110}{10}$ 60	泥页岩	黑色、细腻,呈片状,质软
	J_3^{2-1}		$\frac{850}{300}$ 581	$\frac{10}{5}$ 7.5	砂岩及砂砾岩	灰白色,泥质胶结,较致密,裂隙极微弱
	J_3^{1-2}			$\frac{49.77}{12.22}$ 30.995	煤、炭泥、粉、细砂岩互层及底部砾岩	灰黑色,致密,较硬,底部以紫红色、灰绿色、灰白色砂砾岩为主,夹砂质泥岩

图 3-8　矿井水文地质柱状图

2. 侏罗系煤层顶板泥页岩隔水层

该层主要由黑色泥岩及黑褐色油页岩所组成。岩层结构细腻，并直接赋存于煤层之上。在井田内普遍稳定发育，深度 136 ~ 770m，由西南向东北逐渐加深。厚度 10 ~ 110m，平均 60m，随深度增大而增厚。在水库底部规律也是如此，由西南向东北渐深变厚，一般30 ~ 70m，平均 50m，为井田良好的隔水层。

3.4.4 第四系及风化带含水层抽水试验

据抽水试验：白垩系风化带含水层出水量 0.36 ~ 6.58m^3/h。白垩系风化带与第四系混合抽水的出水量 8.43 ~ 15.65m^3/h，水位恢复一般 42 ~ 92h；水位差 0.21 ~ 0.88m，未恢复到静止水位。06 – 2 号孔除外（有回灌补给）。抽水试验数据见表 3 – 3。

表 3 – 3 抽水试验资料统计一览表

孔号	含水层厚度/m	第四系含水层厚度/m	抽水时间/h	最大出水量/(m^3/h)	降深/m
06 – 1	56.95	1.70	144	8.43	50.87
06 – 2	26.75	2.45	166	14.11	29.69
06 – 3	26.39	1.30	145	15.65	39.87
06 – 4	41.82	0.00	144	6.58	55.86
2	23.30	0.00	59	0.36	30.32

白垩系风化带含水层的补给能力较差，补给的主要来源为大气降雨和侧向径流补给。

3.5 岩石工程地质性质

表 3 – 4 ~ 表 3 – 6 为大平煤矿岩石物理力学性质指标。上覆岩层岩石强度普遍较低，如 N1S1 试采工作面测试结果：岩石单轴抗压强度一般 3 ~ 5MPa，最大为 15.5MPa。

表 3-4　岩石物理力学性质(经典钻)

岩石名称	抗压强度 /MPa	抗拉强度 /MPa	弹性模量 /MPa	泊松比	凝聚力 /MPa	内摩擦角 /(°)	取样深度 /m
泥岩	0.54	0.016	2926	0.36	0.04	61	6.8~10.8
砂质泥岩	0.87	0.086	38	0.41	0.14	54	38.0~42.0
泥岩	2.10	0.28	14816	0.34	0.45	47	38.0~42.0
泥岩	0.93	0.16	12881	0.34	0.18	42	32.3~36.7
泥质砂岩	2.41	0.17	9226	0.36	0.27	56	180.0~186.0
泥岩	2.31	0.29	14922	0.34	0.39	49	42.0~49.8
泥质砂岩	0.64	0.042	3261	0.37	0.08	47	180.0~186.0
泥质砾岩	11.60	0.60	87655	0.28	0.11	54	225.0~226.0

表 3-5　N1S1 工作面覆岩岩石力学性质

岩石名称	抗压强度 /MPa	抗拉强度 /MPa	弹性模量 /MPa	泊松比	凝聚力 /MPa	内摩擦角 /(°)	取样深度 /m
泥岩	5.4	0.45	1112.6	0.36	1.06	31.7	
粉砂岩	3.3	0.23	796.6	0.41	0.38	31.1	66.25~70.25
含砾粉砂岩	1.5	0.34	366.2	0.41	0.14	41.2	70.6~74.6
细砂岩	15.5	1.02	1971.8	0.40	2.42	22.8	70.25~74.05
粗砂岩	3.7	0.34	1576.6	0.43	0.58	34.4	55.0~59.0
砂砾岩	4.3	0.57	1901.3	0.37	0.72	30.5	50.0~54.0

表 3-6　N1S1 工作面覆岩岩石物理性质

岩石名称	真密度 /(g/cm^3)	视密度 /(g/cm^3)	含水率 /%	空隙率 /%	膨胀率 /%	耐崩解性指数/%	取样深度 /m
库底淤泥	2.69	2.45	22.4				
泥岩	2.64	2.26	9.17	21.59	19.60	6.2	54.45-58.45
粉砂岩	2.55	2.20	7.84	20.00	18.10	11.2	66.25-70.25
含砾粉砂岩	2.60	2.19	10.06	23.46	6.00	10.6	70.6-74.6
细砂岩	2.66	2.25	4.21	18.80	2.10	58.3	70.25-74.05
粗砂岩	2.58	2.32	7.78	16.67	3.20	12.0	55.0-59.0
砂砾岩	2.66	2.25	5.96	20.30	3.00	26.4	50.0-54.0

表 3-7 为根据 417 孔分段岩性统计的不同岩石厚度表。煤层上覆岩层中,泥岩层总厚度 179.64m,在上覆岩层中占 30.4%。泥岩、油页岩等隔水岩层占比例为 55.6%。砾岩、粗砂岩等含水岩层占 43.2%。

表 3-7 417 钻孔各段岩性及厚度表 （单位:m）

孔深范围		泥岩	油页岩	粉砂岩	细砂岩	中砂岩	粗砂岩	含砾砂岩	砂砾岩	砾岩	泥灰岩
0~163.68	厚度	56.19		21.34	10.84	21.11	30.18		17.17		
	比例	34.3		13.0	6.6	12.9	18.5		10.5		
163.68~308.50	厚度	15.70		25.65		17.13	40.94	10.28	24.62	10.50	
	比例	10.8		17.7		11.8	28.3	7.1	17.0	7.3	
380.5~378.78	厚度	16.98		21.45	10.50	21.35					
	比例	24.2		30.5	14.9	30.4					
378.78~591.12	厚度	90.77	14.20	45.13			4.10		53.71	1.20	3.23
	比例	42.8	6.7	21.2			1.9		25.3	0.6	1.5
合计	厚度	179.64	14.20	113.57	21.34	59.59	75.22	10.28	95.5	11.7	3.23
	比例	30.4	2.4	19.2	3.6	10.1	12.7	1.7	16.2	2.0	0.5
		55.6%				43.2%					

表3－8、表3－9为N1S1试采工作面面上覆岩层岩石成分构成表。砂岩均为泥质胶结,成分以石英、长石为主。泥岩、黏土岩成分主要为蒙脱石、伊利石,岩石亲水能力强,遇水膨胀。

表3－8 N1S1工作面上覆岩层岩石成分 (单位:%)

岩石	花岗岩、流纹岩、云母等	石英	长石	砾石	黏土矿物
粉砂岩	20	15	10		55
细砂岩	20	30	25		25
粗砂岩	15	45	20		20
砂砾岩	10	15	10	50	15

表3－9 N1S1工作面上覆岩层岩石成分 (单位:%)

岩石名称	蒙脱石	伊利石	石英	斜长石	菱铁矿	黄铁矿	赤铁矿	绿泥石	钾长石	方解石	白云石
库泥		19.3	46	19.3		0.5	0.4		13.6	0.6	0.3
泥岩	18.3	34.9	16.3	4.8			7.1	9.8	1.6	3.9	3.3
油页岩	14.2	5.0		3.3	0.2	0.9	0.7	44.5			

3.6 其他开采技术条件

3.6.1 煤层顶底板

1. 直接顶板岩层

主要由黑褐色油页岩所组成。在油页岩中夹有1～3层薄层黏土,厚度0.10～0.30m;其下部含有3～5层菱铁矿薄层,一般厚为0.2～0.4m。

据钻探资料,井田油页岩厚度一般10～30m,平均20m左右。西南部407、418、438、439等号孔附近较薄,约10m;井田东南部63、143、149、207、227号孔连线范围内较厚,约30m。

物理力学性质:

410号孔630.83～632.78m段试验,密度2.32g/cm^3,容重

$2.16g/cm^3$,抗压强度 $164\sim233kg/cm^3$,抗剪强度 $26\sim27kg/cm^2$,内摩擦角 41°51′,凝聚力 $23kg/cm^2$。

403 号孔 473.10~480.57m 段试验,密度 $2.52\sim2.65g/cm^3$,容重 $2.22\sim2.3g/cm^3$,普氏硬度系数 2.91,遇水破碎。

油页岩结构致密、细腻、无裂隙。抗压强度小于 $1000kg/cm^2$,属于半坚硬岩石,按其坚固程度可属于软质岩石。

2. 直接底板岩层

煤层直接底板,均由灰黑色泥岩和灰白色粉、细砂岩所组成。泥岩的结构较细致,质软;而灰白色砂岩的岩性则比较坚硬。其厚度变化西南薄 5~6m,向东北厚约 10m 以上。一般 5~10m。

物理力学性质:

(1) 泥岩。411 号孔 538.65~541.40m 段试验,密度 $2.63g/cm^3$,容重 $2.47g/cm^3$,抗压强度 $152\sim380kg/cm^2$,抗剪强度 $20\sim30kg/cm^2$,弹性模量 $191\sim585kg/cm^2$,抗剪强度 $20\sim93kg/cm^2$,弹性模量 $149\times10^3\sim170\times10^3kg/cm^2$,泊松比 0.15~0.20。

(2) 粉砂岩。411 号孔 559.16~577.20m 段试验,密度 $2.62g/cm^3$,弹性模量 $149\times10^3\sim170\times10^3kg/cm^2$,泊松比 0.15~0.20。

(3) 细砂岩。433 号孔 546.85~554.80m 段试验,密度 $2.64g/cm^3$,容重 $2.39g/cm^3$,抗压强度 $556\sim1000kg/cm^2$,内摩擦角 38°47′,凝聚力 $67kg/cm^2$,弹性模量 $180\times10^3kg/cm^2$,泊松比 0.2~0.32,膨胀量 0.163~0.656%。417 号孔 628.25~636.96m 段试验,密度 $2.73g/cm^3$,容重 $2.48g/cm^3$,抗压强度 $407\sim948\ kg/cm^2$,抗剪强度 $14\sim100kg/cm^2$,内摩擦角 42°22′,凝聚力 $76kg/cm^2$,弹性模量 $238\times10^3\sim399\times10^3kg/cm^2$,泊松比 0.26~0.4,膨胀量 0.177%~0.537%。

煤层直接底板岩石抗压强度基本小于 $1000kg/cm^2$,属半坚硬岩石。

3.6.2 浅层覆岩岩性结构

图 3-9 为三维地震通过对 ILN288 及 XLN582 两条测线进行地

深度	柱状	层厚	岩性	备注
6.85		6.85	表土	Q
13.39		6.54	泥岩	
16.94		3.55	粉砂岩	
22.40		5.46	粗砂岩	
34.56		12.16	细砂岩	
39.09		4.53	粗砂岩	
44.80		5.71	细砂岩	
49.86		5.06	粗砂岩	
51.16		1.30	泥岩	
56.68		5.52	砂砾岩	
66.83		10.15	泥岩	
70.28		3.45	粗砂岩	
74.08		3.80	泥岩	
80.88		6.80	粗砂岩	
112.43		31.55	泥岩	
125.63		13.20	粗砂岩	
132.93		7.30	细砂岩	
148.63		15.70	砂砾岩	
152.93		4.30	泥岩	

图3-9　浅层150m内岩性综合柱状图

震反演得到的库区浅层 150m 内岩性综合柱状图。Q 下 150m 内为白垩系陆相沉积,受沉积环境影响,多沉积旋回特征。深度 80.88 ~ 112.43m 段发育一厚层泥岩和粉砂岩,为良好隔水层。该层岩性较差,遇水膨胀。

3.6.3 矿井瓦斯

采用真空罐和瓦斯解析仪对瓦斯取样。井田共采样 41 个。其中 1 煤层 27 个,2 煤层 9 个,炭质泥岩 5 个。

用解析仪现场解析 21 个样品,仅 6 个样品有气体析出,最大解析量为 48mL,计算损失量 200mL。

1. 煤层瓦斯成分

经辽宁煤田地质勘探公司和沈阳煤炭科学研究院抚顺煤研所化验室分析:

CH_4:1% ~93.2%,一般为 30% ~70%;

CO_2:0 ~52.7%,一般低于 10%;

N_2:3.69% ~99.1%,含量较高;

瓦斯含量:0.02 ~2.3mL/g,可燃。

2. 生产矿井瓦斯情况

辽宁省煤炭工业管理局文件辽煤生产[2007]285 号《关于对铁煤集团公司 2007 年度矿井瓦斯等级和二氧化碳鉴定结果的批复》中明确“大平煤矿为低瓦斯矿井”。大平煤矿 2002 年—2007 年全矿井实测瓦斯统计数据见表 3-10。

表 3-10 大平煤矿 2002 年—2007 年全矿井瓦斯统计表

年度	鉴定地点	绝对量/(m^3/m)		相对量/(m^3/t)	
		CH_4	CO_2	CH_4	CO_2
2002	总排	0.938	0.939	4.674	4.73
2003	总排	4.82	0.54	0.566	0.063
2004	总排	6.87	1.59	1.23	0.28

（续）

年度	鉴定地点	绝对量/(m^3/m)		相对量/(m^3/t)	
		CH_4	CO_2	CH_4	CO_2
2005	总排	6.63	2.77	1.12	0.27
2006	总排	3.4	3.12	0.38	0.35
2007	总排	5.79	3.91	0.76	0.43

3.6.4 煤尘

井田内煤的火焰长度为10～260mm，岩粉量为10%～50%，煤尘爆炸性弱。370号孔煤尘试验结果为：火焰长度400mm，岩粉量55%，爆炸性强。

3.6.5 煤的自燃倾向

1煤层的燃点为273～304℃，平均值为285℃，氧化样和还原样的燃点差为33～63℃，平均47℃。2煤层的燃点为273～288℃，平均279℃，燃点差为35℃。井田内煤的燃点比其它煤田煤的燃点均低，且燃点差值也高，煤易燃。

据三台子煤矿开采经验，原煤自燃发火期为1～3个月，最短为20天，不利于煤炭的长期存放。

3.6.6 地温

井田1982年以前，在各阶段在勘探中，没做井温测试工作，在1983年补充勘探中，选择424号及427号孔作为井温测试孔，经测定孔深750m为23℃。现生产水平（－535m）观测温度值平均温度17～25℃，地温正常。

第4章　水库下煤层开采情况

4.1　水库下开采工作面概况

大平煤矿水库下首采工作面为北一采区 N1S1 工作面，跨库内外布置。第二个水库下开采工作面为南二采区 S2S2 工作面，全部处于库内。第三个水库下开采工作面为南二采区 S2N1 工作面，跨库内外布置。第四个水库下开采工作面为北一采区 N1S2 工作面，与水库下首采工作面 N1S1 工作面相邻，跨库内外布置。第五个水库下开采工作面为南二采区 S2S9 工作面，横穿水库大坝，部分处于水库内。

水库下 N1S1、S2S2、S2N1、N1S2、S2S9 工作面主要尺寸见表 4－1。各工作面与水库平面位置关系如图 4－1 所示。

表 4－1　水库下试采面开采技术参数

工作面	走向长/m	倾斜长/m	采厚/m	采出量/万 t	回采时间
N1S1	1242	227	8.69～15.3	471	2005.04.01—2006.05.31
S2S2	1028	227	12.8～15.2	490	2006.05.28—2007.08.31
S2N1	1324	257	7.5～13.86	519	2007.09:03—2008.11.08
N1S2	1392	227	8.6～15.17	635	2008.11.02—2010.04.30
S2S9	1200	278	6.0～11.0	1200	2010.04.22—2013.01.31

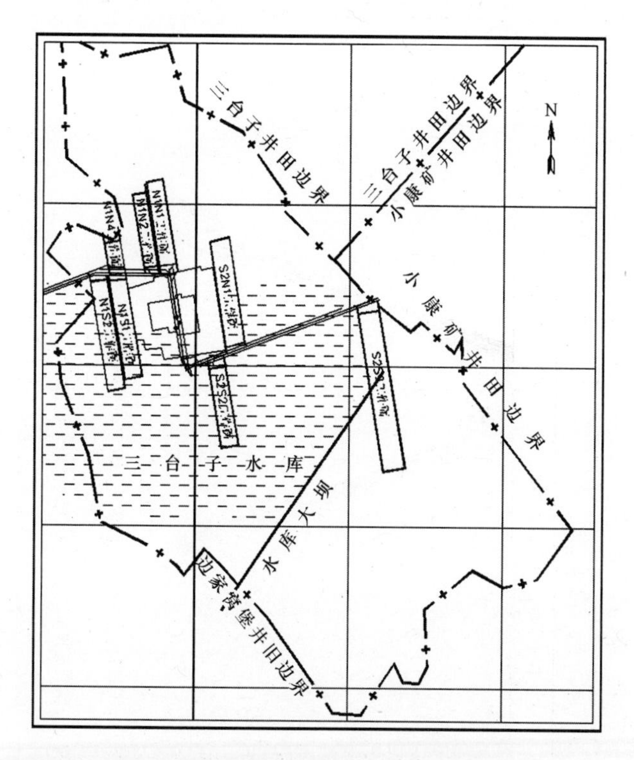

图4-1　水库下开采工作面平面位置图

采煤循环工艺是:采煤机割煤→移架→推移前部输送机→放顶煤→拉移后部输送机。采煤机端部斜切进刀。工作面采用“三八”作业制,四点班、零点班采煤,白班8:00~12:00检修。专业工种追机作业。正规循环作业图表如图4-2所示,劳动组织见表4-2。

4.2　采煤工艺方法

工作面采用走向长壁综合机械化放顶煤采煤法。采煤机落煤、装煤;顶煤通过矿压破煤,自流装煤;工作面支架前后输送机运输采煤机落煤和放顶落煤。

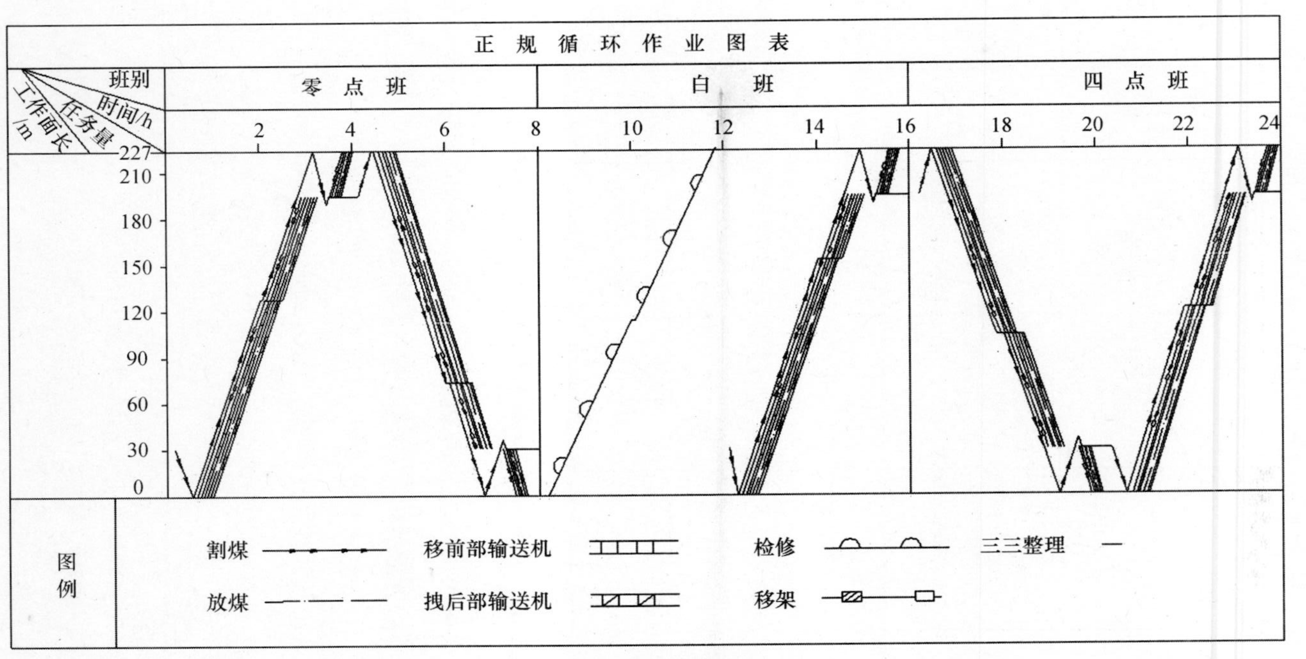

图4-2　正规循环作业图表

表 4-2　N1S2 工作面劳动组织

序号	工种	白班		四点班	零点班	合计
		检修	生产			
1	班长	1	1	1	1	4
2	采煤机司机		2	2	2	6
3	支 架 工		1	1	1	3
4	放 煤 工		3	3	3	9
5	端头支架工		2	2	2	6
6	清 货 工		4	4	4	12
7	刮板输送机司机		2	2	2	6
8	胶带输送机司机		1	1	1	3
9	转载机司机		1	1	1	3
10	跟班电工		1	1	1	3
11	跟班钳工		1	1	1	3
12	检修电工	8				8
13	检修钳工	11				11
14	超前支护工		7	7	7	21
15	验 收 员		1	1	1	3
16	绞车司机	2				2
17	信号把勾工	4				4
18	人事员、材料员	2				2
19	区队管理人员	1	1	1	1	4
20	合计	29	28	28	28	113
		113 人				

4.3 工作面布置

水库下开采工作面布置方式大致相同,下面以 N1S2 工作面为例说明。

运输巷沿煤层底板布置,巷道掘进断面为圆形断面,净断面直径 4.6m,净高 3.5m,采用锚、网、支、喷联合支护。运输巷为机轨合一巷道,巷道一侧铺设胶带输送机,另一侧铺设轨道,安设移动设备列车。

回风巷沿煤层底板布置,巷道掘进断面为圆形断面,净断面直径 4.4m,净高 3.4m,采用锚、网、支、喷联合支护。回风巷兼作材料道。

工作面切眼长度 227m,切眼为半椭圆拱形断面,净宽 8.0m,净高 3.6m,采用锚、网、支、喷联合支护。切眼垂直运输巷与回风巷。

运输材料斜巷位于 -340m 车场与 N1S2 运输巷之间,巷道掘进断面为圆形断面,净断面直径 4.4m,净高 3.4m,采用锚、网、支、喷联合支护。用途为入风、行人、运料等。

回风材料斜巷位于 -378m 车场与 N1S2 回风巷之间,巷道掘进断面为圆形断面,净断面直径 4.4m,净高 3.4m,采用锚、网、支、喷联合支护。用途为回风、行人、运料等。

溜煤眼断面为圆形断面,净断面直径 3.0m,采用锚杆、混凝土碹支护,锚杆型号 ϕ22mm × 2400mm,间排距锚杆 600mm × 800mm,容量 500t。

图 4-3、图 4-4 为 N1S2 工作面巷道断面图,图 4-5 为 N1S2 工作面布置平面图。

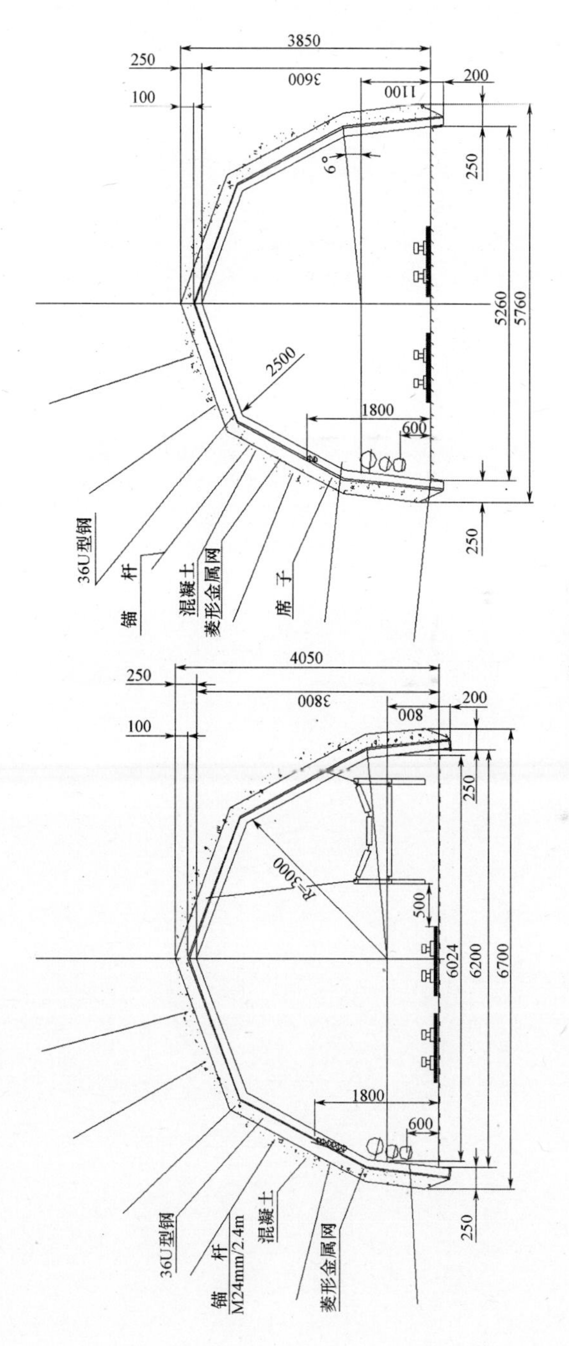

3850
250
3600
100
1100
200
6°
250
2500
1800
600
5260
5760
250
36U型钢
锚　杆
混凝土
菱形金属网
席　子
4050
250
3800
100
800
200
250
R=3000
500
6024
6200
6700
1800
600
250
36U型钢
锚　杆
M24mm/2.4m
混凝土
菱形金属网

图4-3　巷道断面图(一)

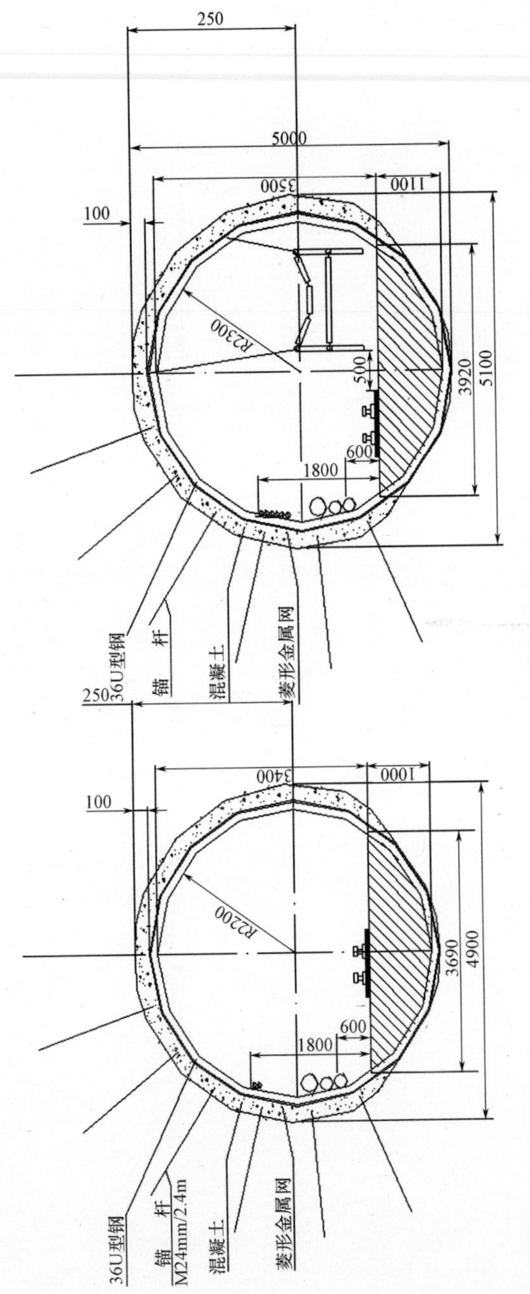
250
5000
3500
1100
100
R2300
500
3920
5100
600
1800
36U型钢
锚　杆
混凝土
菱形金属网
250
3400
1000
100
R2200
3690
4900
600
1800
36U型钢
锚　杆
M24mm/2.4m
混凝土
菱形金属网

图4-4　巷道断面图(二)

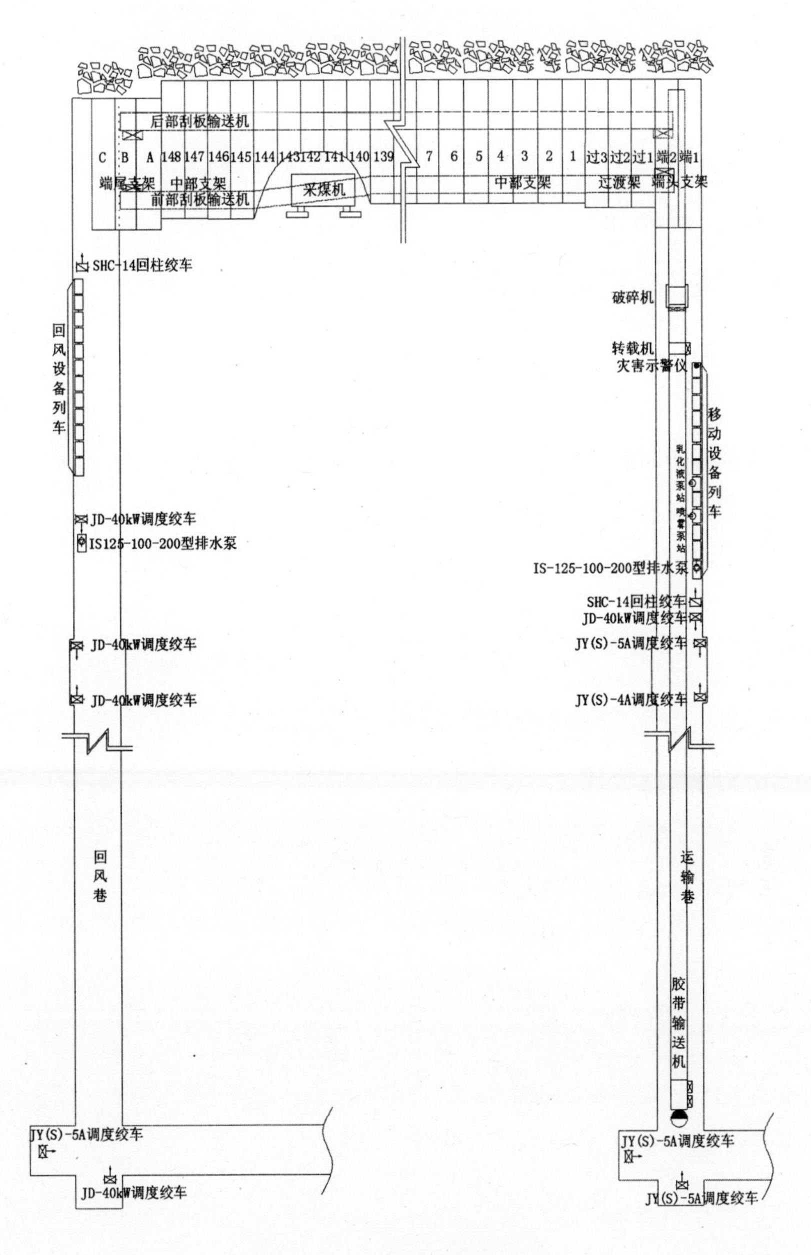

图 4-5 工作面布置平面图

4.4 工作面主要设备

4.4.1 采煤机

型号:MG400/940 - WD

采高:2.2 ~4.16m

总装机功率:940kW

截深:0.8m

牵引速度:0 ~7.1m/min

牵引方式:液压无链销排双牵引

4.4.2 液压支架

支架型号:ZFS8000/17/29H

初撑力:6185kN

工作阻力:8000kN

支护强度:0.932MPa

底板比压:2.16MPa

4.4.3 刮板输送机

型号:SGZ1000/1400

电机功率:2 ×700kW

输送能力:2200t/h

链速:1.3m/s

中部槽尺寸:1500mm ×1000mm ×345mm

4.4.4 桥式转载机

型号:SZZ1000/525

电机功率:525kW

输送能力:2600t/h

链速:1.69m/s

中部槽尺寸:1750mm×1000mm×745mm

4.4.5 破碎机

型号:PCM-200

电机功率:200kW

破碎能力:2200t/h

4.4.6 可伸缩式带式输送机

型号:SJJ1200/2×200

电机功率:2×200kW

输送能力:1500t/h

带速:3.15m/s

带宽:1200mm

4.5 主要技术经济指标

至2012年底,大平煤矿水库下连续回采了5个工作面。回采工作面累计推进长度6186m,采出煤炭3315万t,实现利润近40亿元。工作面主要技术经济指标见表4-3。

表 4-3 工作面主要技术经济指标

序号	项目	单位	指标	备 注
1	工作面长度	m	225 ~ 278	
2	采高	m	6.0 ~ 15.3	
3	生产能力	t/m^2	8.4 ~ 21.4	
4	循环进度	m	0.8	
5	循环数	个	135	月循环率按 85% 计
6	日产量	万 t	1.09 ~ 1.38	
7	月产量	万 t	32.7 ~ 41.4	
8	回采工效	t/工	109 ~ 138	原班出勤按 100 人计
9	坑木消耗	m^3/万 t	10	
10	炸药消耗	kg/万 t	100	
11	雷管消耗	个/万 t	300	
12	金属网	m^2/万 t	25	
13	工作面回采率	%	85	

第 5 章　地表沉陷观测研究

地表移动是岩层移动在地表的反映。了解和掌握地表移动变形规律，既是控制采煤地表沉陷灾害，保护水土资源环境，维护地面建构筑物的需要，也有助于分析采动覆岩破坏状况。

结合铁路牵出线维护、占地房屋拆迁和补偿等工作，水库下各工作面回采过程中，充分利用地形条件，在陆地、水库等位置灵活布线、设点，采用水准仪、全站仪和 GPS 等仪器，有针对性地对地表下沉、水平移动进行了监测。获取了大量的特厚煤层综放开采地表移动资料，为回采期间铁路牵出线、水库大坝等工程维护提供了重要的基础数据。

5.1　大平煤矿地表沉陷基本特征

5.1.1　典型测站地表下沉特征

1. N1S1 工作面走向线

水库内，沿 N1S1 工作面走向方向最大下沉值位置布置固定观测桩，共布置 8 个观测点，编号分别为 K1 ~ K8，点间距 40m。K1 测点距离切眼 180m，测点采用钢管式测点，测点高度根据水位高低随时接长，并标有刻度。测站布置如图 5 - 1 所示。

2005 年 4 月 28 日首次观测，5 月 24 日前每 3 天观测一次，5 月 24 日—8 月 11 日每 1 天观测一次，8 月 12 日后每 5 天观测一次。11 月 18 日后，库面结冰停止观测。

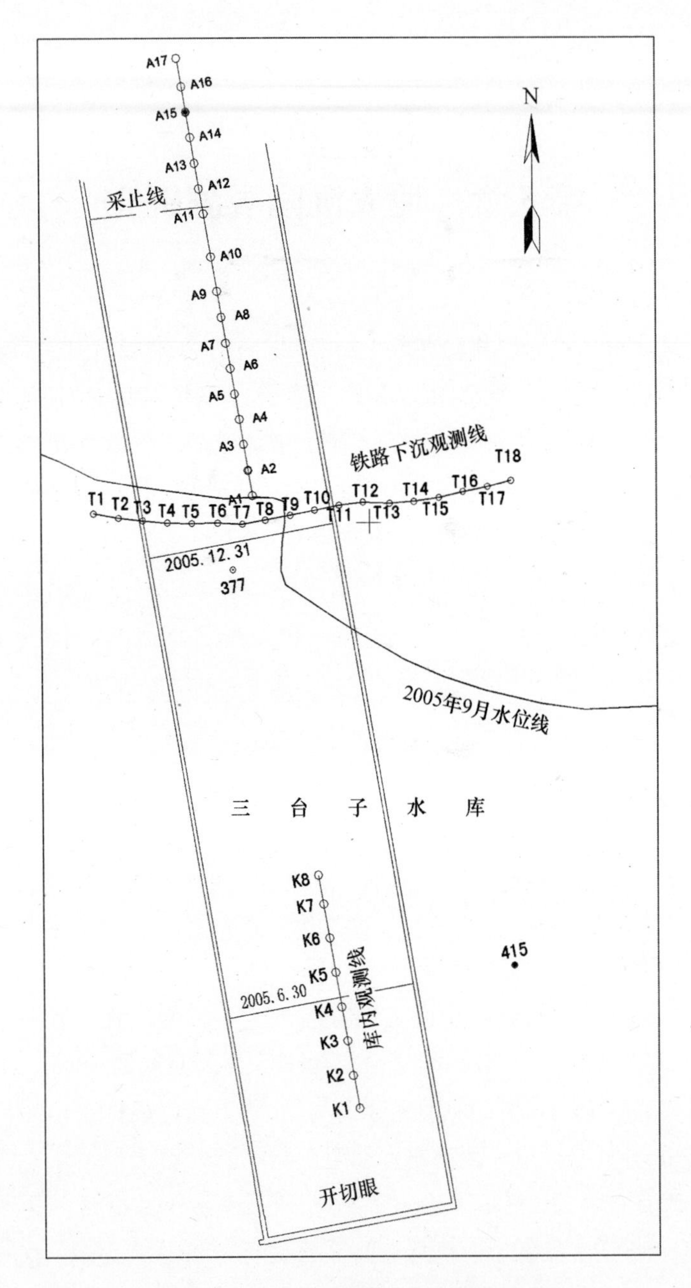

图 5-1 N1S1 地表移动观测站测点布置

工作面2005年4月1日回采。5月7日，工作面推进100m，距K1点80m、K2点120m时，测站地表开始下沉。图5-2为N1S1工作面走向线库内K2号测点地表下沉速度、地表下沉曲线图（K2号测点距切眼220m）。5月15日，工作面推进145m，距测点75m时，观测到测点下沉10mm。2周后，5月21日，地表移动即进入活跃期。6月2工作面推至测点位置，测点累计下沉350mm。期间平均下沉速度24.3mm/d。6月24日，工作面推过测点73m，地表下沉速度最大，达到185mm/d，累积下沉2425mm。至7月19日，推过该点162m，期间下沉速度为82.60mm/d，累积下沉4490mm。至10月8日，推过该点400m时，累积下沉5340mm，下沉速度小于1.7mm/d，活跃期持续140d。11月18日观测结束，工作面推过测点522m，累积下沉5560mm。从工作面前方75m移动开始，工作面推进597m至测点后方522m，历时187d，累积下沉5560mm，下沉系数0.64。

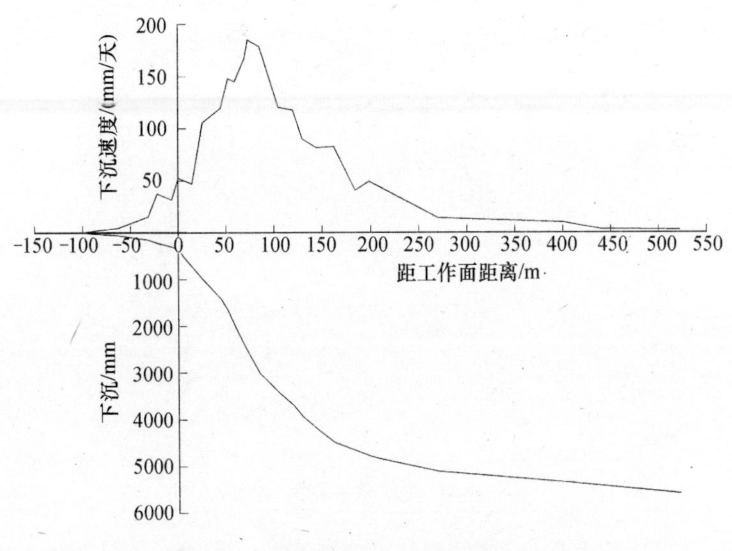

图5-2　K2号测点地表下沉速度曲线

2. S2N1 工作面倾向测线

根据工作面地形条件,沿公路布设了一条完整倾斜测线一条,33个测点,编号 Q1 ~ Q33。其他不完整测线测点 8 个,编号为 C1 ~ C4、L1 ~ L4。测站布置如图 5 - 3 所示。

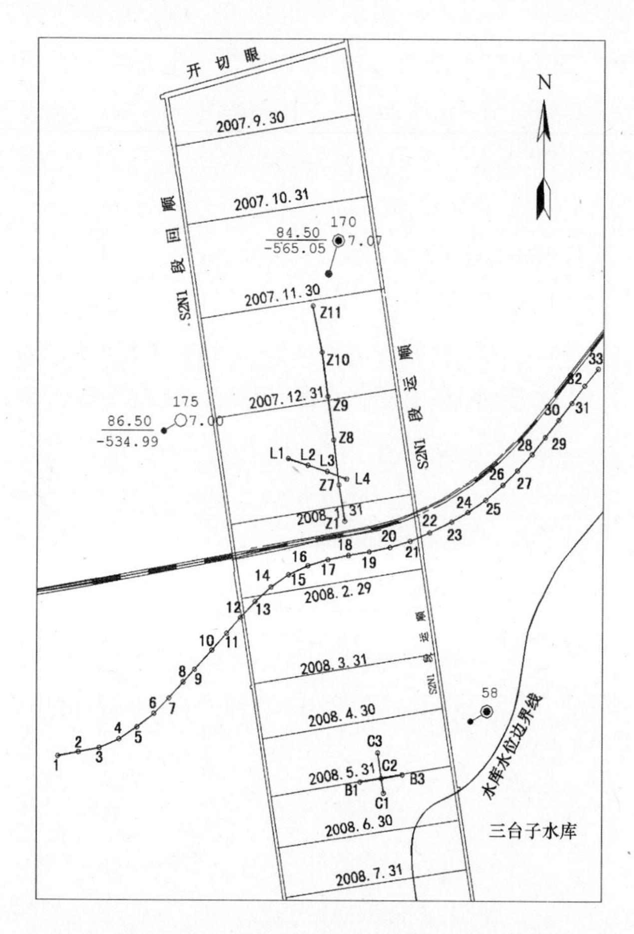

图 5 - 3　S2N1 地表移动观测站测点布置

从观测数据分析,工作面从开切眼推过 120m 左右地表监测到了下沉(表 5 - 1)。地表移动启动距相当于采深的 1/5。工作面超前影响距离 90 ~ 120m,超前影响角 79° ~ 81°。最大下沉速度滞后距离为 72 ~ 136m,超前影响角 78° ~ 83°(表 5 - 2)。

表 5 - 1 观测站(线)地表下沉情况

工作面	测点	采高/m	观测时间	下沉/m	下沉系数	采后时间
N1S1	K2	8.69	2005.11.18	5560	0.64	170d/522m
	T8	12.16	2006.06.29	7860	0.65	169d/386m
S2N1	Q18	7.70	2008.10.28	4227	0.55	242d/635m
	L4	8.04	2008.10.28	4374	0.54	277d/740m
	C3	11.53	2008.10.28	4842	0.42	162d/350m
S2S2	B7	14.24	2007.09.04	7400	0.52	

表 5 - 2 大平煤矿初次采动工作面角量参数 (单位:(°))

工作面	超前影响角	最大下沉速度滞后角	上山边界角	下山边界角	充分采动角
N1S1	79 ~ 82	80 ~ 81	69.4	68.8	
S2S2	79 ~ 81				69
S2N1	79 ~ 81	78 ~ 83	69		58

倾斜测线最大下沉点在 Q18 号测点,最大下沉量 4277mm。最大下沉角 87.4°。运输巷附近 Q21 号测点最大下沉量 2709mm。该点最大水平移动量 1106mm,水平移动系数 0.26。地表倾斜最大,25.1mm/m。

图 5 - 4 为 Q18 号测点地表下沉速度曲线图。2008 年 1 月 6 日,工作面距测点 185m 时地表开始下沉。2 月 23 日推到该点时,地表已累计下沉 477mm。推过该点 76m 时,最大下沉速度达到最大值 53mm/d。工作面推进距离约 420m,开始形成盆底,走向方向接近充分采动,充分采动角 58°。2008 年 10 月 28 日观测结束,工作面推过测点 635m(即 242 天),地表累计下沉值 4227mm。工作面采高 7.70m,下沉系数 0.55。

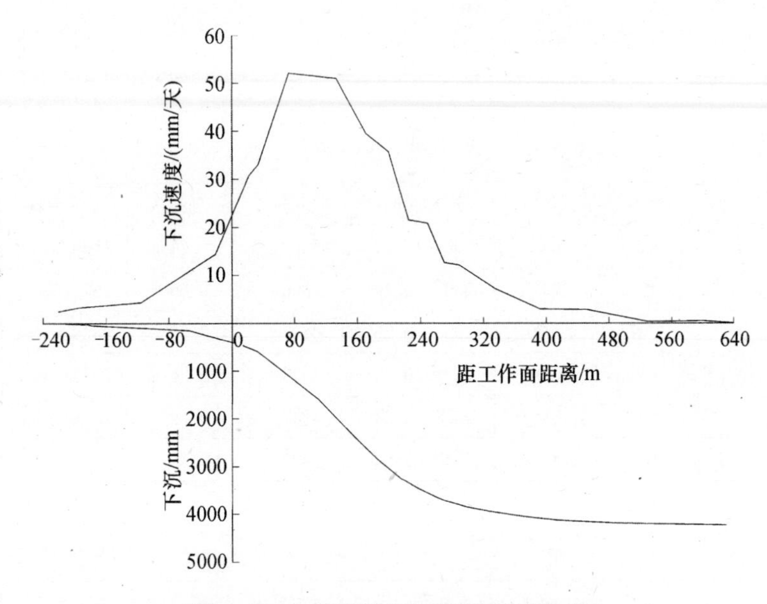

图 5-4 Q18 号测点地表下沉速度曲线

此时，工作面推过 L4 测点 740m，时间 277 天，累积下沉 4374mm，下沉系数 0.54；工作面推过 C3 测点 350m，时间 162 天，累积下沉 4842mm，下沉系数 0.42。

5.1.2 地表下沉与地下开采活动关系

从 N1S1 地表观测数据看，地表下沉与井下采矿活动联系极为紧密。

以 K1 号测点为例，在地表移动较活跃时期，日最大下沉达 150~200mm，工作面停止开采一天后观测下沉降为 40~60mm/d，停止两天后观测下沉速度为 10~30mm/d。

图 5-5 为水库内站 1 号点 2006 年 3 月 16 日至 3 月 31 日地表日下沉量柱状图，图 5-6 为常规观测站 A4 号测点 2006 年 6 月 7 日至 6 月 24 日地表日下沉量柱状图。库内 1 号点 3 月 18 日地表下沉 250mm。工作面 3 月 19 日、20 日和 21 日停产 3 天，日地表下沉锐减

为 61mm、15mm 和 10mm。3 月 22 日工作面恢复生产，地表下沉速度恢复正常。图 5－6 中 6 月 12、13、16、20、21、22 日工作面停产。

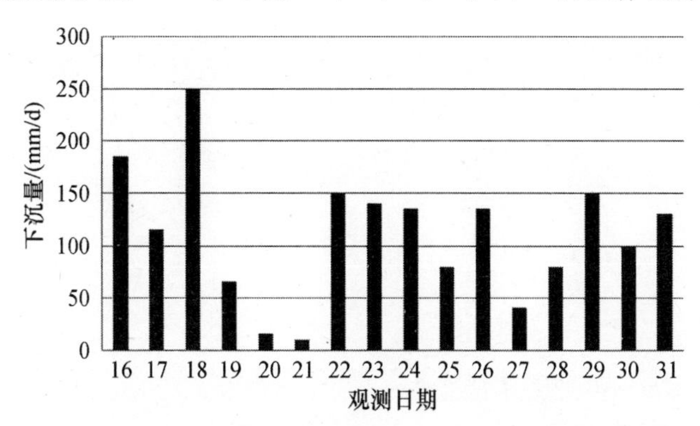

图 5－5　库内 K1 测点 3 月 16 日至 3 月 31 日地表日下沉量

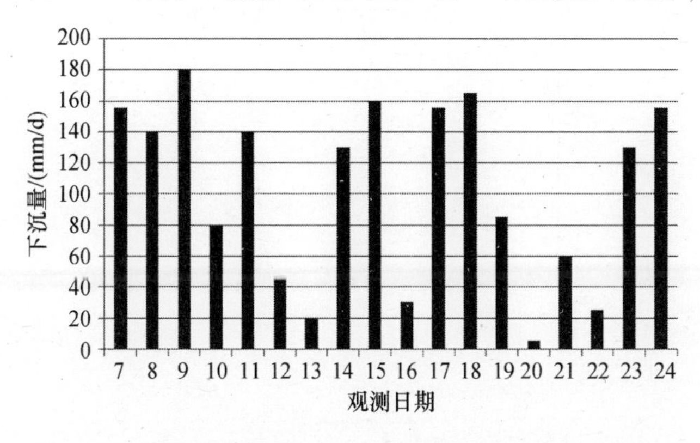

图 5－6　常规站 A4 测 6 月 7 日至 6 月 24 日地表日下沉量

5.2　地裂缝发育状况

5.2.1　工作面回采过程中地裂缝发育规律

在 N1S1 工作面距离停采线 180～450m 区域，设 4 条地裂缝观测线，2006 年 1 月至 2006 年 3 月，对回采期间对陆地上的地裂缝发育进行了监测。其中，工作面内走向方向观测线 3 条，倾向方向运顺外侧观测线 1 条,测线总长度 362.75m。

工作面前方Ⅱ号测线裂缝 19 条,Ⅲ号测线裂缝 19 条。工作面后方Ⅰ号测线裂缝 37 条,运顺外侧Ⅳ号测线裂缝 38 条。地裂缝分布如图 5-7 所示,各测线裂缝观测统计数据见表 5-3。

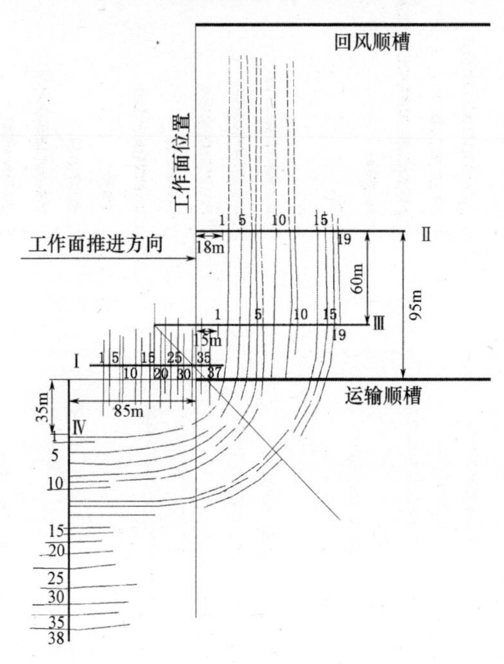

图 5-7　工作面地表裂缝分布

表 5-3　各测线裂缝观测统计数据表

测线名称	测线长度/m	裂缝数目/条	裂缝平均间距/m	裂缝平均宽度/mm
Ⅰ线	73.26	37	1.98	26.6
Ⅱ线	80.74	19	4.25	20.7
Ⅲ线	82.05	19	4.32	12.3
Ⅳ线	126.7	38	3.33	21.0

地表裂缝发育特征如下:

(1) 地表采动裂缝走向与工作面边界方向平行,与地表下沉等值线分布形态基本一致。

工作面走向方向,地裂缝最远发育至工作面前方98.7m,工作面后方因被库水淹没只观测到72m。工作面倾向煤层下山方向,地裂缝最远至运输巷外143.3m。

(2)工作面位置不同区域,地表裂缝发育程度不一。工作面后方最发育,裂缝平均间距1.98m,平均缝宽26.6mm,最大72mm;工作面下山运输巷外侧次之,平均间距3.33m,平均缝宽21.0mm,最大60mm;工作面前方相对不发育,平均间距4.29m,平均缝宽16.6mm,最大30mm。

(3)在工作面走向方向,地表裂缝从工作面前方98.7m处开始产生,随工作面的推进逐渐发展。当工作面推进到接近地裂缝35~55m时,裂缝发育到最宽。随工作面继续推进,直至工作面推过地裂缝处,缝宽一直处于逐渐减小状态。

(4)探槽探测地裂缝上宽下窄,深度4.4m。探测探槽位于公路边上,上部为回填的油母页岩,下部为红黄褐色亚黏土,再下为灰色亚砂质砂土,如图5-8所示。

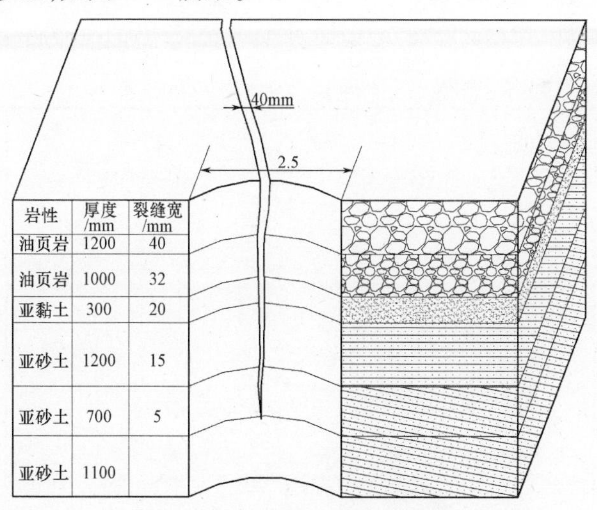

图5-8 地裂缝探槽示意图

．（5）工作面后方地表裂缝活动与井下采矿活动、顶板活动有一定联系。工作面采放煤循环、顶板周期来压期间，裂缝发展较快。裂缝平均间距 1.98m、宽度 40mm 以上的较宽地表裂缝间距 8 ~ 13m，与工作面一般 2m 放煤步距、8 ~ 12m 顶板周期来压步距相当。

5.2.2 地表集中裂缝

地表裂缝发育在第四系表土层内，规模较小，分布有规律。一般经历由产生到发展，又逐渐压实甚至闭合的过程，与地表经历的由拉伸与压缩的移动变形动态过程一致。

但在表土层较薄或基岩直接出露区域，工作面停采后，当大多数地表裂缝逐渐缩小趋于稳定时，有些地裂缝却大量吸收其他地裂缝的变形，得到集中的发展。这些集中裂缝，与普通表土层裂缝不同，其发育规模相对较大，滞留时间较长，多出现于平行于工作面长轴方向开采边界外的区域，分布较为独立。

2007 年 9 月 25 日，N1S1 工作面回采结束 15 个月后，在距工作面停采线 72 ~ 164m 位置，运输巷外 31 ~ 104m 范围内监测到 A、B、C 条地表集中裂缝，如图 5 – 9 所示。

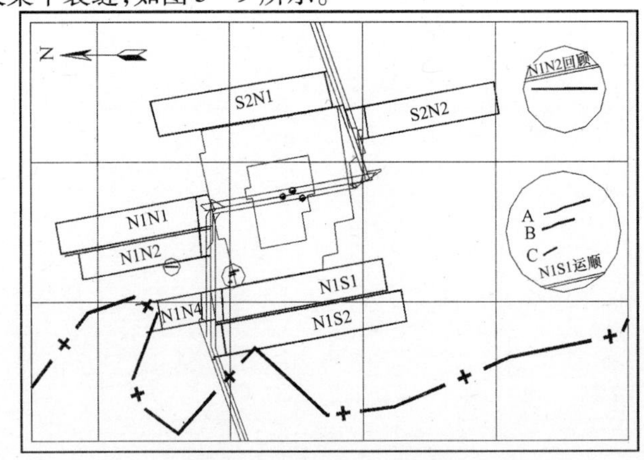

图 5 – 9　地裂缝与工作面关系

相对远离工作面的2条较大裂缝平行发育，长度分别为72m、51m，走向与工作面顺槽方向基本一致。距工作面较近的裂缝长度23m，走向与工作面顺槽交角17°。裂缝宽度90~430mm。据探槽揭露，C裂缝最大宽度位置表土层厚1.2m，下方为白垩系上部红褐色风化带基岩层，挖槽可见深度4.5m，裂缝参数见表5-4。图5-10为裂缝照片。

表5-4　裂缝发育情况描述

裂缝编号	位置	发育方位	长度/m	宽度/m
A	运输巷外31m	N63°E	23	90
B	运输巷外82m	N75°E	51	210
C	运输巷外104m	N75°E	72	430

图5-10　地裂缝照片(2007年摄)

N1N2工作面地表集中裂缝位于该工作面回风巷外14~35m位置，裂缝走向与工作面顺槽交角10°。最大裂缝长度97m，宽度110mm。在该条裂缝的两侧，还滞留有多条宽10~30mm、延长10m左右的较小裂缝。

5.3 地表移动概率积分参数

地表下沉盆地是在工作面推进过程中逐渐发展形成的。大平煤矿实测数据表明，工作面自开切眼开始向前推进的距离相当于开采深度的 1/5 ~ 1/4 时，开采影响波及地表。随工作面继续推进，地表下沉量逐渐增加，范围不断扩大，形成下沉盆地。地表移动变形符合概率积分分布形式。

5.3.1 地表移动概率积分剖面函数

对于倾向达到充分采动、走向半无限开采工作面，走向主断面的地表移动概率积分积分函数式为

$$W(x) = \frac{W_0}{2}\left[\mathrm{erf}\left(\frac{\sqrt{\pi}}{r}x\right)+1\right]$$

$$U(x) = bW_0 \mathrm{e}^{-\pi\frac{x^2}{r^2}}$$

$$i(x) = \frac{W_0}{r}\mathrm{e}^{-\pi\frac{x^2}{r^2}}$$

$$\varepsilon(x) = -\frac{2\pi W_0}{r^2}x\mathrm{e}^{-\pi\frac{x^2}{r^2}}$$

$$K(x) = -\frac{2\pi W_0}{r^3}x\mathrm{e}^{-\pi\frac{x^2}{r^2}}$$

$$W_0 = mq\cos\alpha$$

式中 m——开采厚度；

q——下沉系数，$q = \frac{W_0}{m\cos\alpha}$；

b——水平移动系数，$b = \frac{W_0}{U_0}$；

r——主要影响半径，$r = \dfrac{H}{\tan\beta}$；

α——煤层倾角。

5.3.2 主要概率积分参数

1. 地表下沉系数

N1S2 综放工作面地表观测线 1～9 号测点和 N1S1 综放工作面铁路牵出线观测线邻近，如图 5－11 所示。充分采动条件下，地表下沉系数可通过 N1S1、N1S2 工作面地表移动观测数据求得。

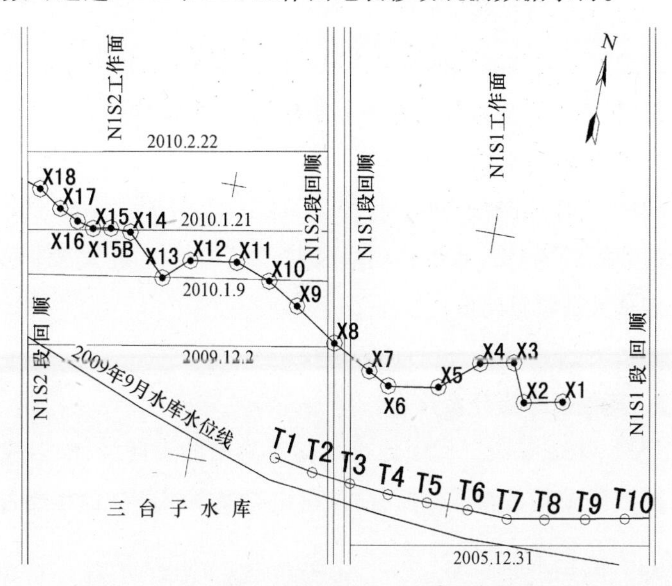

图 5－11 N1S2 工作面地表下沉测站布置平面图

N1S1 综放工作面在 2006 年 1 月上旬推过铁路牵出线观测线位置。开采后 5 个月，即 2006 年 6 月 29 日（停采后 1 个月）实测，最大下沉点 T8 下沉量 7860mm。与 T8 点对应的是 N1S2 工作面测线的 X1 点。N1S2 综放工作面 2009 年 11 月上旬通过测线位置，开采 7 个月后，即 2010 年 6 月 10 日实测，X1 点下沉量 1034mm。

两侧站地下煤层开采时间间隔46个月，时间上采动影响不重叠。N1S1工作面采厚12.16m、N1S2工作面采厚15.17m。N1S2工作面采厚按12.16m计，X1点下沉量829mm。下山方向充分采动按相同下沉量计算，12.16m充分采动该点下沉量为7860+829×2=9518mm。

两工作面倾向长均227m，间隔煤柱宽度10m。煤柱宽度占比10÷454=2.2%。煤柱宽度摊薄工作面采厚按2.2%计，相当于等效采厚12.16×97.8%=11.89m。

综上，充分采动条件下地表下沉系数：

$q=9.518\div 11.89=0.80$

考虑到上述观测数据是工作面推过测点5~7个月测得，实际预计分析时，大平煤矿综放开采下沉系数按0.85计算。

2. 水平移动系数

S2N1工作面测线2008年10月28日实测结果，工作面上山方向运输巷附近的Q21水平移动量最大，为1106mm，最大水平移动量与地表最大下沉量比值：

$$b=1106\div 4427=0.26$$

3. 其他概率积分参数

经对N1S1综放工作面地表移动观测站的走向线、倾向线和铁路牵出线线观测数据的作图分析，得出与概率积分法计算地表移动的几个相关参数：

拐点偏移距：走向 $S_3=61\text{m}=0.13H_0$；

上山 $S_1=50\text{m}=0.11H_1$；

下山 $S_2=50\text{m}=0.08H_2$。

主要影响半径：走向 $r=170\text{m}$；

下山 $r_1=140\text{m}$；

上山 $r_2=130\text{m}$。

主要影响角正切：$\tan\beta=2.53$。

5.4 剖面函数的建立

负指数剖面函数能够较真实地反映地表沉陷过程中,下沉盆地地表的移动情况。

利用负指数剖面函数预计工作面回采期间地表移动变形,利于指导公路、铁路、水库大坝维护工程。

5.4.1 负指数函数模型建立

地表下沉分布曲线可用负指数函数曲线表示。坐标系以最大下沉点为原点,以各点到最大下沉点距离为横坐标,地表下沉为纵坐标,从最大下沉点到移动盆地边界的半个移动盆地内各点的下沉曲线函数式为

$$W(X)=W_m e^{-a\left(\frac{X}{L}\right)^b}$$

令 $Z=\dfrac{X}{L}$,则

$$A=\frac{W(X)}{W_m}$$

$$A'=-abz^{b-1}e^{-az^b}$$

$$A''=[a^2b^2z^{(2b-2)}-ab(b-1)z^{b-2}e^{-az^b}]$$

则地表下沉等移动变形可用下式表示:

$$W(X)=A\cdot W_m$$

$$i(X)=\frac{A'}{L}\cdot W_m$$

$$k(X)=\frac{A''}{L}\cdot W_m$$

$$U(x)=B\cdot i(x)$$

$$\varepsilon(x)=\frac{CU_m}{L}A''+\frac{W_m}{L}A'\cot\theta$$

式中　$W(X)$——坐标为 X 点地表下沉(mm)；

W_m——该条件下地表最大下沉(mm)；

L——移动盆地半长(m)；

B——水平移动系数；

θ——最大下沉角(°)。

5.4.2　待定常数 *a*、*b* 的确定

根据 S2N1、N1S1 工作面 6 条地表移动观测线实测数据，根据最小二乘原理进行曲线回归，得出各曲线待定常数 a、b，见表 5-5。

表 5-5　待定常数 a、b 计算表

观测线名称	采动程度	a	b
S2N1 上山测线	0.65	4.45	1.46
S2N1 下山测线	0.65	4.93	1.69
N1S1 上山测线	0.71	5.05	1.36
N1S1 铁路上山测线	0.71	5.20	1.56
N1S1 铁路下山测线	0.71	5.85	1.36
N1S1 走向线	0.65	5.90	2.61

5.4.3　最大下沉量计算

$$W_m = qm\ \sqrt{n_1 n_2}$$

式中　q——下沉系数；

m——采厚；

$n=\sqrt{n_1 n_2}$——采动程度系数(倾向采动充分程度系数 $n_1=\dfrac{D_{1S}}{H_0}$(D_{1S}为作面倾向长度，H_0为工作面平均采深)；走向采动充分程度系数 $n_2=\dfrac{D_3}{H_0}$(D_3为工作面走向长度，$n_2\geqslant 1$ 时取 1))。

5.4.4 负指数函数分布函数表

根据建立的负指数函数,倾向剖面(充分采动系数 $n=0.71$ 和 $n=0.65$)及走向剖面地表下沉、倾斜变形与曲率变形分布函数值见表5-6~表5-8。

表5-6 倾向剖面分布函数($n=0.71$)

Z	A上山	A下山	A′上山	A′下山	A″上山	A″下山
0.00	1.0000	1.0000	0.0000	0.0000	-5.0000	-5.0000
0.05	0.9586	0.9148	-7.4519	-2.2909	-14.1331	-12.5376
0.10	0.8798	0.7907	-6.2657	-2.6126	-7.3524	-1.8411
0.15	0.7826	0.6608	-5.0050	-2.5678	-3.0080	3.0726
0.20	0.6782	0.5380	-3.8339	-2.3458	0.0921	5.4620
0.25	0.5741	0.4286	-2.8316	-2.0433	2.2463	6.3935
0.30	0.4757	0.3350	-2.0240	-1.7180	3.6206	6.4444
0.35	0.3864	0.2575	-1.4038	-1.4041	4.3614	5.9863
0.40	0.3081	0.1948	-0.9469	-1.1207	4.6113	5.2688
0.45	0.2414	0.1453	-0.6221	-0.8761	4.5053	4.4567
0.50	0.1859	0.1069	-0.3987	-0.6725	4.1634	3.6533
0.55	0.1409	0.0777	-0.2495	-0.5078	3.6854	2.9179
0.60	0.1052	0.0558	-0.1527	-0.3776	3.1492	2.2792
0.65	0.0773	0.0396	-0.0914	-0.2769	2.6112	1.7458
0.70	0.0560	0.0279	-0.0536	-0.2004	2.1084	1.3141
0.75	0.0400	0.0194	-0.0308	-0.1433	1.6623	0.9735
0.80	0.0282	0.0133	-0.0173	-0.1013	1.2824	0.7107
0.85	0.0196	0.0091	-0.0096	-0.0708	0.9695	0.5119
0.90	0.0134	0.0062	-0.0052	-0.0490	0.7192	0.3641
0.95	0.0091	0.0041	-0.0028	-0.0335	0.5241	0.2559
1.00	0.0061	0.0027	-0.0015	-0.0227	0.3756	0.1778

表 5-7 倾向剖面分布函数($n=0.65$)

Z	A上山	A下山	A′上山	A′下山	A″上山	A″下山
0.00	1.0000	1.0000	0.0000	0.0000	-5.8000	-5.8000
0.05	0.9520	0.9704	-6.1894	-0.9892	-11.9743	-44.8068
0.10	0.8701	0.9069	-5.4687	-1.5018	-5.2863	-23.8558
0.15	0.7744	0.8230	-4.6370	-1.8103	-1.5338	-14.0010
0.20	0.6747	0.7279	-3.7988	-1.9582	0.9047	-7.7173
0.25	0.5769	0.6286	-3.0192	-1.9772	2.4809	-3.3578
0.30	0.4853	0.5311	-2.3342	-1.8977	3.4238	-0.3238
0.35	0.4021	0.4394	-1.7590	-1.7488	3.8930	1.6988
0.40	0.3285	0.3563	-1.2942	-1.5571	4.0154	2.9310
0.45	0.2649	0.2834	-0.9309	-1.3451	3.8949	3.5563
0.50	0.2111	0.2213	-0.6553	-1.1308	3.6160	3.7349
0.55	0.1662	0.1698	-0.4519	-0.9271	3.2454	3.6051
0.60	0.1294	0.1279	-0.3055	-0.7427	2.8336	3.2820
0.65	0.0997	0.0948	-0.2026	-0.5821	2.4169	2.8565
0.70	0.0760	0.0691	-0.1319	-0.4468	2.0200	2.3962
0.75	0.0574	0.0496	-0.0843	-0.3363	1.6580	1.9474
0.80	0.0429	0.0350	-0.0530	-0.2483	1.3387	1.5389
0.85	0.0318	0.0243	-0.0327	-0.1800	1.0649	1.1855
0.90	0.0234	0.0166	-0.0199	-0.1282	0.8353	0.8921
0.95	0.0170	0.0112	-0.0119	-0.0898	0.6468	0.6568
1.00	0.0123	0.0074	-0.0070	-0.0618	0.4948	0.4736

表 5-8 走向剖面线分布函数

Z	A	A′	A″	Z	A	A′	A″
0.05	0.9976	-0.1265	-4.0342	0.55	0.2874	-1.6896	5.0520
0.10	0.9853	-0.3787	-5.9175	0.60	0.2094	-1.4151	5.8220
0.15	0.9584	-0.7046	-7.0022	0.65	0.1459	-1.1203	5.8774
0.20	0.9141	-1.0649	-7.2808	0.70	0.0969	-0.8379	5.3564
0.25	0.8517	-1.4180	-6.7127	0.75	0.0613	-0.5915	4.4709
0.30	0.7727	-1.7223	-5.3393	0.80	0.0368	-0.3938	3.4439
0.35	0.6805	-1.9409	-3.3224	0.85	0.0209	-0.2469	2.4585
0.40	0.5800	-2.0483	-0.9377	0.90	0.0113	-0.1456	1.6302
0.45	0.4771	-2.0346	1.4695	0.95	0.0057	-0.0807	1.0052
0.50	0.3779	-1.9073	3.5554	1.00	0.0027	-0.0419	0.5767

5.5 地表沉陷相关问题

5.5.1 地裂缝对水库下安全开采的影响

1. 地裂缝与岩层裂缝

地表移动是岩层移动在地表的反应。采动过程中,不同深度水平岩层,有着与地表相似的移动变形特征和规律,通常在移动边界至采空区边界之间,岩层处于水平拉伸状态。若水平变形大于岩石极限抗拉变形,岩层将产生拉破裂。

以 N1S1 工作面条件为例。工作面为走向半无限开采,倾向长度 227m,平均开采深度 450m 计,工作面充分采动系数为

$$n=\left(1\times0.8\times\frac{227}{450}\right)^{\frac{1}{2}}$$

经计算:

$$n=0.63$$

地表最大水平变形值与开采采深、采厚间关系为

$$\varepsilon_m = \pm 1.52 bqn\tan\beta \frac{M}{H}$$

结合地表移动观测分析成果,取 $\tan\beta = 2.5$、$b = 0.25$、$q = 0.85$,计算地表最大水平变形值为

$$\varepsilon_m = \pm 0.51 \frac{M}{H} = \pm 14.0(\mathrm{mm/m})$$

岩体内不同深度的岩层移动可当做不同开采深度的地表移动问题处理,岩体内任意点移动变形可采用与地表任意点相同的方法和公式进行分析计算。值得注意的是,尽管地表移动是岩层移动在地表的反应,但由于岩体内岩层的移动有上下岩层的约束,其移动变形规律与无约束的地表又不尽完全相同,所以这种方法只是近似的。

借用地表移动变形预计方法来分析计算岩层移动变形时,需将地表水平上的移动参数换算成移动岩层水平上的移动参数。这里采用概率计分方法预计岩层移动变形量。

如图 5-12 所示的坐标系统,倾向达到充分采动、走向半无限开采时走向主断面岩体内部 $A(x,y,z)$ 点移动变形如下计算。

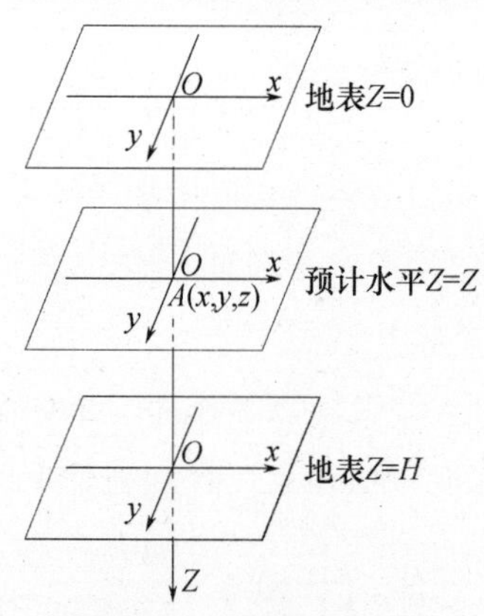

图 5-12　岩层变形计算

在预计的 Z 水平上参数为

$$Y_z = \left(\frac{H-z}{H}\right)^n Y$$

$$b_z = \left(\frac{H - z}{H}\right)^{n-1} b$$

式中　r、r_z——地表和 Z 水平主要影响半径；

b、b_z——地表和 Z 水平水平移动系数；

n——与岩性有关的参数，一般认为取0.5或1.0。

倾向达到充分采动、走向无限开采主断面岩体内部沿 Z 方向垂直压缩或拉伸变形按下式计算：

$$\varepsilon_z(x,z) = -\frac{2\pi b_z x W_0}{r_z^2} x \mathrm{e}^{-\pi\frac{x^2}{r_z^2}}$$

若不计开采深度变化对充分采动系数的影响，煤层上方不同高度水平岩层的最大水平变形将与其高度成线性反比例关系，可推得地下深度 h 处的岩层最大水平变形值计算式：

$$\varepsilon_{hm} = \pm\frac{6334}{450 - h}(\mathrm{mm/m})$$

表5－9为根据上式计算的N1S1工作面地表浅部岩层最大水平变形值。

表5－9　近地表岩层最大水平变形与极限变形值

岩性	深度/m	抗拉强度/MPa	弹性模量/10^5MPa	泊松比	极限变形/(mm/m)	最大变形/(mm/m)
泥岩	14.34～17.86	0.13	0.11	0.23	0.02	14.59
粗砂岩	26.09～28.62	0.04	0.09	0.49	0.08	14.98
细砂岩	58.93～60.41	0.51	0.63	0.33	0.02	16.23
砂砾岩	90.73～93.23	0.25	0.16	0.34	0.09	17.69
细砂岩	100.95～102.20	0.80	0.14	0.35	0.16	18.18
粗砂岩	105.45～108.25	0.04	0.28	0.39	0.06	18.47
砂泥岩	119.01～121.60	0.66	0.09	0.38	0.28	19.19
泥岩	142.89～156.06	0.42	0.09	0.39	0.31	21.08
粗砂岩	155.50～158.40	0.14	0.11	0.35	0.20	21.62

岩石极限抗拉变形值根据实验室岩石实验抗拉强度指标计算，岩层极限抗拉变形值考虑了原岩水平压应力对岩层拉变形的影响，计算公式如下：

$$\sigma_V = \gamma h$$

$$\sigma_h = \frac{\mu}{1-\mu}\gamma h$$

$$\varepsilon_h = \frac{\sigma_t + \sigma_h}{E}$$

式中 σ_V——垂直应力；

σ_h——水平应力；

σ_t——抗压强度；

ε_h——岩层极限抗拉变形；

μ——泊松比；

γ——岩石容重。

岩层移动最大拉伸变形值远大于岩层极限抗拉变形值。可以预见，N1S1 工作面回采过程中，从煤层顶板一直至地表的整个上覆岩层中，位于移动边界至采空区边界之间处于水平拉伸状态的岩层，绝大部分会产生拉破坏，形成岩层裂缝。

2. 岩层裂缝与水库下安全开采

国家现行《建筑物、水体、铁路及主要井巷煤柱留设与压煤开采规程》关于防水安全煤岩柱留设规定，如果煤系地层无松散层覆盖和采深较小，则应考虑地表裂缝深度。此时，防水安全煤岩柱垂高(H_{sh})应大于导水裂缝带的最大高度(H_{li})加上保护层厚度和地裂缝深度(H_{bili})，如图 5－13 所示。

$$H_{sh} \geqslant H_{li} + H_b + H_{bili}$$

综放开采岩层与地表移动剧烈、变形破坏严重。从 N1S1、N1N2 等工作面回采实践看，从地表至地下，地表裂缝、岩层裂缝普遍存在。对大平煤矿水库下特厚煤层综放开采，不能单纯按上述方式考虑地

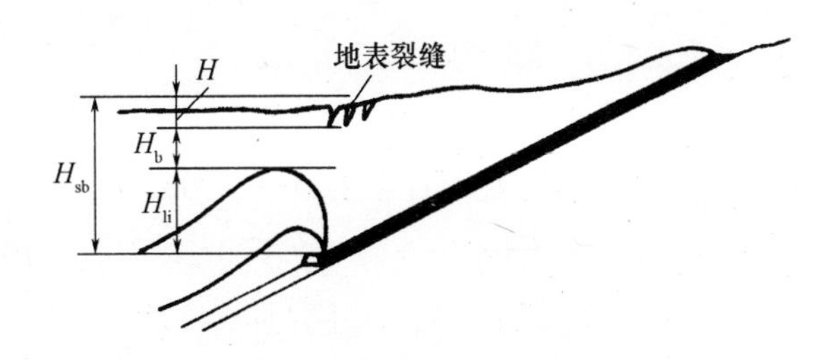

图 5-13　煤系地层无松散层覆盖时防水安全煤柱设计

裂缝深度影响，还应从覆岩破坏、导水裂缝带形成机制等方面，考虑岩层裂缝的影响。

单一独立工作面开采，岩层裂缝发育在岩层移动边界至开采边界之间的拉伸变形区，岩层垂直方向处于压缩状态，上下层间的岩层裂缝不能相互连通，对安全开采无大影响。但多工作面开采，原来处于独立开采工作面煤柱区呈垂直压缩状态的岩层，部分将成为临近工作面开采采空区正上方呈垂直卸压状态，如图 5-14 所示。如果原来已采动岩层未再生，隔水性未恢复，裂缝未闭合，无疑会给临近工作面回采带来危害。

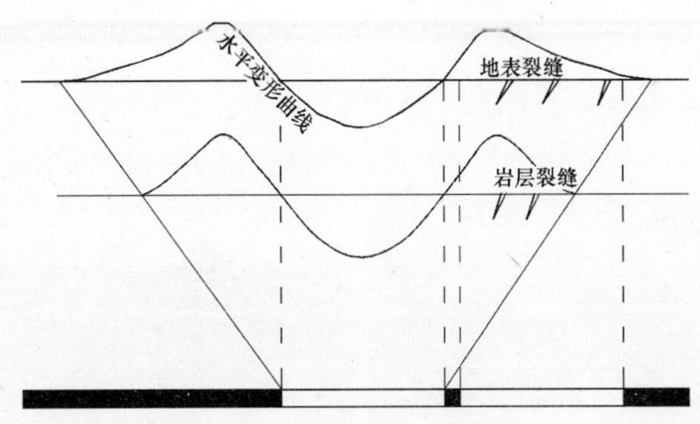

图 5-14　地裂缝与岩层裂缝

考虑岩层裂缝影响，相邻两工作面开采必须滞后一定的时间。根据岩层与地表移动延续时间规律，相邻工采滞后时间应满足：

$$T \geqslant 2.5H$$

式中　T——地表移动延续时间(天);

H——煤层开采深度(m)。

N1S1 工作面 2005 年 4 月 1 日正式回采,2006 年 5 月 28 日回采结束。相邻 N1S2 工作面 2008 年 10 月 28 日正式回采,2010 年 4 月 30 日回采结束。两工作面回采实际间隔时间 43 个月,煤层开采深度平均约 400m,安全间隔时间 34 个月。

5.5.2　地面建构筑物损害与维护

1. 沉陷区房屋拆迁补偿

大平煤矿水库下煤层综放开采地表移动量大,变形严重。以 N1S2 工作面为例,实测地表最大下沉近 11m,地表变形远超建筑物允许变形值。

普通砖混结构建筑物,允许变形值如下:

水平变形 $\varepsilon = \pm 2.0\text{mm/m}$

曲率变形 $K = \pm 0.2 \times 10^{-3}/\text{m}$

倾斜变形 $i = \pm 3.0\text{mm/m}$

矿井开采过程中,对涉及地面居民房屋实行了分阶段整体拆迁,集中安置,如图 5-15 所示。

图 5-15　S1S2 工作面回采前后地面房屋照片

2. 水库大坝的维护

大坝处于水库南侧,煤层埋深 900m 左右。留设保护煤柱将造成大量的资源浪费。采前加固又不足以抵抗综放开采巨大的地表变形。选择枯水季节开采,及时维护是最佳选择。图 5－16 为 S2S9 工作面回采期间,大坝维护施工现场照片。

图 5－16　S2S9 工作面开采水库大坝在维护

3. 矿专用铁路线的影响与维护

N1S1、S2N1 两工作面地表均有矿用铁路线。N1S1 试采面为铁路牵出线,S2N1 试采面为铁路运输段。两线路段作用不同,采取的措施不同。

1) N1S1 工作面回采对铁路牵出线影响及线路维护

鉴于预计地表移动变形量较大,在铁路牵出线影响段,开采期间停止使用,采后维护。并在回采前期间对铁路牵出线地表下沉进行了建站监测。

铁路牵出线地表下沉监测点布置如图 5－17 所示,图 5－17 为铁路牵出线 2005 年 12 月 1 日(位于工作面前方 62m)至 2006 年 6 月 29 日(位于工作面后方 360m,工作面停采约 1 个月)不同时段下沉曲线。实测工作面下山一侧,铁路影响范围为 180m,上山一侧测线长度为 80m。

铁路最大下沉位置出现在工作面中部的 T8 号点,最大下沉为 7.86m。2006 年 2 月 8 日工作面推过铁路线 80m 时,测点下沉速度

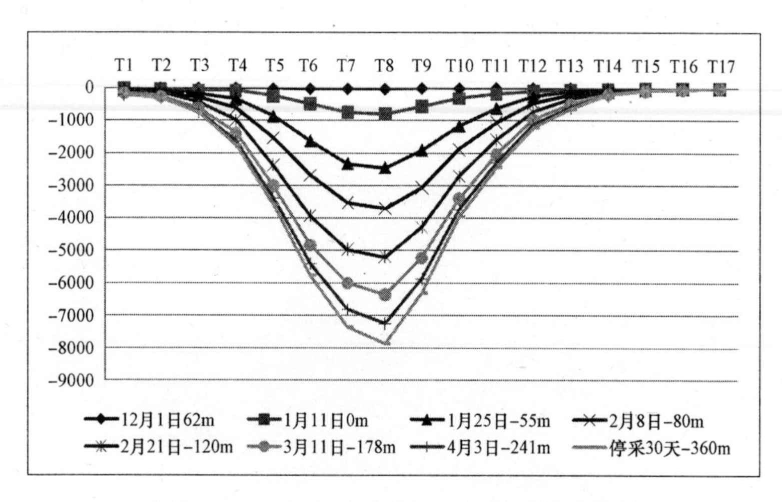

图 5-17 N1S1 地表铁路牵出线下沉曲线变化图

最大,达 200mm/d,下沉剧烈。如不组织采取有效措施,很难保证回采期间铁路正常运营。

2) S2N1 工作面回采对铁路影响及线路维护

S2N1 工作面地表铁路线是大平煤矿煤炭运输的咽喉,70% 的煤炭都通过铁路外运。预计维护线路长 700 ~ 900m,维护量大。工作面开采时间在冬季,施工难度大。

铁路运输部门在采前储备了充足的回填材料,采动期间组织专业维护队伍开展铁路线路的维护工作。在及时消除剧烈严重的地表下沉造成的路基下沉、水平移动和变形影响外,还进行了顺坡、起道、起坡等一系列维护工作,维护期间采取限制行车速度。维护时间长达一年以上,在路基下沉急剧变化段维护工人最多达到近百人。由于维护及时、措施得力,没有出现车厢掉道、掉轨和翻车等事故,基本保证了铁路的正常运行。

监测的铁路下沉见表 5-10。铁路最大下沉 4455mm。2009 年 2 月 25 日—4 月 25 日,60 天工作面推进了 200m,路基下沉 3020mm,日均沉降 50.3mm,地表移动十分剧烈。

表 5-10 工作面回采期间铁路路基下沉量统计

工作面与铁路关系	路基累计最大下沉/mm	时间
+90m	50	2008.01.25
-35m	840	2008.02.25
-165m	2650	2008.03.25
-237m	3860	2008.04.25
-324m	4180	2008.05.25
-400m	4340	2008.06.25
-460m	4390	2008.07.25
-545m	4420	2008.08.25
-610m	4440	2008.09.25
-702m	4455	2008.11.08

5.5.3 水库下采煤的水土资源环境问题

1. 沉陷坑对水库作业安全影响

N1S1、S2S2 等工作面开采，在库区形成了多个长 800~1200m、宽 200~300m、最大深度达 8~10m 的条形大坑。

库区其他非沉陷区域水深一般 0.6~1.3m。采煤沉陷坑的出现，对库区水产养殖、渔业打捞等作业安全带来了较大影响。

矿井为此采取了采前进行地表沉陷预计，及时向有关部门通报，井下工作面回采期间，联合水库管理部门，设立警示标志等一系列防治措施，几年来水上作业未发生一起伤亡事故。

2. 沉陷坑对库容影响

按矿井年 400 万 t 开采速度，每年采出煤炭体积约 300 万 m^3。地表谈陷坑体积按采出体积的 0.75 计算，采煤沉陷导致年增加库容 225 万 m^3。三台子水库正常年份一般库容 2523 万 m^3。开采 10 年库容即翻番。30 年后，库容将达 10000 万 m^3。

表 5-11 为 N1S1 等 4 个已回采结束工作面采后库容增加估算表。总计采空体积 958.1 万 m^3，增加库容 718.6 万 m^3。库容增量已与 2005 年 6 月工作面开采前水库实际库容相当。

表 5－11　4 个工作面开采后库容增加估算表

工作面	工作面尺寸/m×m	采空体积/万 m^3	沉陷体积/万 m^3
N1S1	1242×227	194.1	145.6
S2S2	1022×227	330.4	247.8
S2N1	670×257	198.7	149.0
N1S2	900×227	234.9	176.2
合计		958.1	718.6

库容变化的影响是复杂的。干旱年份，水源不足，如不及时充足调水，少量的库水集中于沉陷坑内，形成大面积干滩，将严重破坏库区生态环境。同时，库容的增加，将提升水库蓄水能力，增强水库防洪排涝功能，对区域工农业生产和人民生活带来积极的影响。

3. 库水深度变化影响

三台子水库正常年份水深 0.6～1.3m。采煤引起的库底沉陷形成大面积 8～10m 的深水区。水深变化对水库水产品养殖、旅游资源开发等影响巨大。

近年来，库区降水充沛。地方政府及水库管理部门加大了水库增值放生工作，蟹、鱼等水产品连年丰收。图 5－18 为 2010 年 6 月渔民在水库打捞上重十几千克的大鲤鱼。

图 5－18　三台子水库打捞上的大鲤鱼

第6章　覆岩破坏综合技术研究

现有对覆岩破坏规律的认识,多基于薄及中厚煤层单一煤层开采,以及厚及特厚煤层普通分层开采条件。大平煤矿三台子水库下采煤过程中,采用相似材料模拟、数值模拟、钻孔探测、EH－4物理勘探等手段,对特厚煤层综放开采覆岩破坏规律进行了综合研究。

6.1　覆岩破坏钻孔观测

采用钻孔冲洗液耗失量法观测覆岩破坏,是确定"三带"发育高度最直接的方法。2003 年以来,大平煤矿在水库外 N1N2、N1N4 和水库内 N1S1、S2N1、N1S2、S2S9 共 6 个工作面,建立了覆岩破坏观测站,采用钻孔冲洗液漏失量法对综放开采覆岩破坏导水裂缝带发育高度进行了观测。6 个工作面测站累计施工 15 个覆岩破坏观测钻孔,其中 2 个原岩对比孔。

6.1.1　观测站条件及主要观测成果

1. 测站条件

根据水库外地面条件,对具备施工条件的水库外 N1N2、水库内 N1S1 等 6 个综放工作面布置覆岩破坏观测钻孔。覆岩破坏观测站位置及钻孔孔位如图 6－1 所示,工作面观测站钻孔参数、煤层开采技术条件见表 6－1、表 6－2。

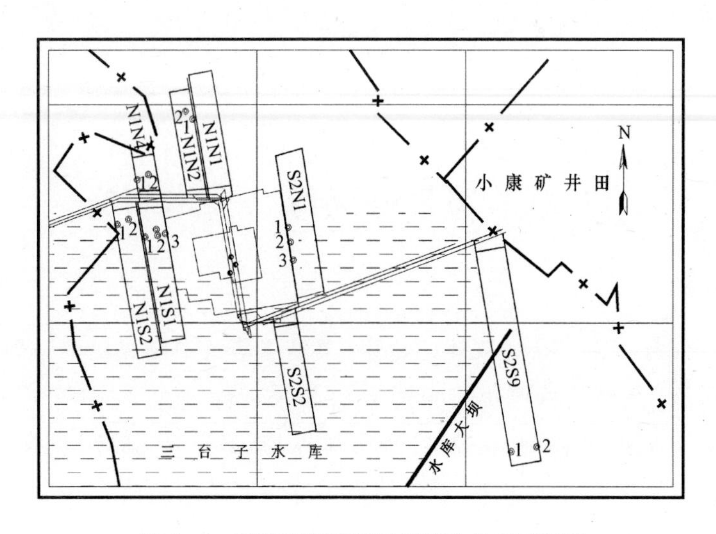

图6-1　覆岩破坏观测站及钻孔位置平面图

表6-1　部分覆岩破坏观测站工作面主要参数

工作面	长×宽/m×m	平均采深/m	采高/m	倾角/(°)
N1N2	917×195	510	7.54	6~10
N1N4	348×207	430	11.4	7~8
N1S1	1255×227	430	12.42	7~8
S2N1	1322×257	600	7.98/9.68/11.54	5~9
N1S2	1392×227	390	15.17	5~9
S2S9	2042×280	680	9.35	5~9

表6-2　部分覆岩破坏观测站观测孔及对比孔参数

工作面	观测孔号	采高/m	地表标高/m	打钻时间	打钻时距煤壁距离/m	终孔深度/m
N1S1	1	12.42	86.818	2006.3.23-4.21	103	396.02
	2	12.42	84.208	2006.3.23-4.10	110	324.50
	3	12.42	89.210	2006.4.15-5.11	165	374.20
	对比孔	12.42	85.407	2005.11.20-12.02	-280	320.21

（续）

工作面	观测孔号	采高/m	地表标高/m	打钻时间	打钻时距煤壁距离/m	终孔深度/m
S2N1	1	7.98	85.67	2008.3.5－3.31	33～131	439.29
	2	9.68	87.35	2008.3.25－4.29	30～185	484.49
	3	11.54	84.20	2008.6.13－7.23	19～104	499.02
N1S2	对比孔	15.17	81.596	2009.10.20－11.27	－245	420.00
	1#	15.17	82.731	2010.3.25－4.11	100	280.28
S2S9	1	9.35	80.947	2010.8.17－10.11	45～158	390.77
	2	9.35	81.547	2010.7.3－11.11	45～290	562.18

2. 主要观测成果

大平煤矿特厚煤层单一工作面综放开采，煤层开采深度430～680m、工作面倾斜长度195～280m、采高7.54～15.17m，实测导水裂缝带高度148.23～234.10m，为采高的15.31～19.97倍。各观测站钻孔导水裂缝带高度实测结果见表6－3。

表6－3 覆岩破坏观测主要观测成果

测站	钻孔位置		导水裂缝带		离层带高度	
	距回顺/m	距切眼/m	$H_{导}$/m	$H_{导}$/M	$H_{离}$/m	$H_{离}$/M
N1N2	20	340			185.08	24.55
	80	220				
N1N4	80	210	227.70	19.97	181.58	24.22
	12	240	194.64	17.07		
N1S1	14	972	221.54	17.84	282.11	22.71
	134	967	197.21	15.88	326.11	26.26
	209	969	198.90	16.01	284.60	22.91
S2N1	15	668				
	15	804	148.23	15.31		
	15	971	193.15	16.74		
N1S2	15	1212	234.10	15.43		
S2S9	263	120	155.98	16.68	210.67	22.13

6.1.2 典型观测站观测成果分析

受水库条件影响,工作面覆岩破坏观测站布设,或靠近开切眼或接近停采线,水库外开采工作面规模又有限。开采及观测条件较典型的测站为 N1S1 工作面测站,图 6－2 为 N1S1 工作面覆岩破坏观测站平面图。

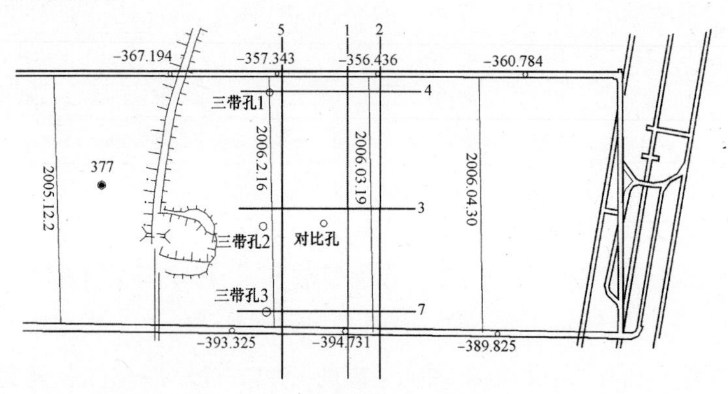

图 6－2　N1S1 覆岩破坏观测站平面图

1. 岩层钻进特征

钻孔冲洗液耗失量、钻孔水位、钻速等是反映岩层原生或采动裂隙、岩层富水性及导水性的重要指标。根据原岩对比孔、覆岩破坏观测孔钻进施工记录统计分析,钻至第四系地层与白垩系地层接触面、白垩系风化带底界面、地层破碎带岩层、岩层采动离层、采动断裂岩层、采动垮落岩层等层位,均出现明显钻进异常特征。下面分别介绍:

1) 第四系地层与白垩系地层接触面

第四系地层底部为砾石层,含水较丰富,与下部白垩系风化带岩层平行不整合接触。3 个覆岩破坏观测孔钻进至该层位,深度 20.8 ~23.9m 时均开始出现漏水,钻孔水位 +6.2 ~ +6.5m,采取下表套止水措施。

2）白垩系风化带底界面

白垩系风化带底界面岩层为砂质砾岩。煤田地质勘探钻孔证实该岩层破碎、漏水。1、2、3 号覆岩破坏观测孔分别钻进至深度 64.51m、72.95m、79.95m，遇该层位时均出现了冲洗液耗失量大增、钻进速度较快现象，并采用顶水钻进通过。

3）地层破碎带岩层

较坚硬厚岩层中夹杂的薄层泥岩、泥质粉砂岩，天然状态下较为破碎。岩层采动弯曲变形后，破碎加重。如对比孔钻至深度 212.3m、2 号孔钻至深度 220.4m、3 号孔钻至深度 227.1m，遇同一破碎岩层时，钻速快、漏失量大，经堵漏才顺利通过。

4）岩层采动离层

导水裂缝带上方各岩层，以独立或成组的形式处于弯曲变形状态。在下位岩层（组）挠度大于上位岩层（组）挠度处，两岩层（组）间发育有离层空间。裂隙发育，强度低的岩层，弯曲变形时将破裂、破碎。岩层离层、破碎，取决于覆岩结构、岩性强度，通常在弯曲变形带下段集中发育，形成离层破碎带。

钻机钻进至离层、破碎岩层时，会出现短时性漏失量大，水位下降，以及卡、掉钻等现象。由于弯曲变形的岩层（组）内无贯通断裂裂缝，一般快速顶水钻进，或经简单堵漏即可通过。1 号孔钻至深度 162.35 ~ 165.85m、2 号孔钻至深度 171.45 ~ 178.65m 遇到厚层砂砾岩下的离层、破碎岩层时，均出现了这种现象。经统计，类似层位有 A、B、C、D、E 共 5 处，岩性一般为泥岩、泥质粉砂岩，上覆岩层多为砂质砾岩。

5）采动断裂岩层

导水裂缝带上段的断裂带岩层，离层、裂缝发育，导水、透气。下段的垮落带岩层，岩块呈无序堆积状态，空隙多。

钻孔钻进至该区域破坏岩层时，钻孔冲洗液会持续流失，耗失量大增，水位居高不下。如不连续封堵，难于继续钻进。1、2、3 号孔分别钻进至 220.92m、261.50m、276.55m 深度时均出现了这一现象，判定为进入导水裂缝带。

6）采动垮落岩层

岩层破坏垮落后，其完整性丧失。垮落破坏的岩块间出现大量的空隙，既导水，又蓄水。钻孔钻进至该区域时，不仅耗失量大、水位高，还有明显的卡钻等现象，甚至可听到蜂鸣声。1 号孔钻进至 396.02m 深度时出现了这一现象，分析判断已进入了垮落带。

图 6－3 为 N1S1 工作面覆岩破坏观测站 1、2、3 号孔冲洗液耗失量对比图，表 6－4 为离层破碎带特征层位钻孔冲洗液耗失量情况。

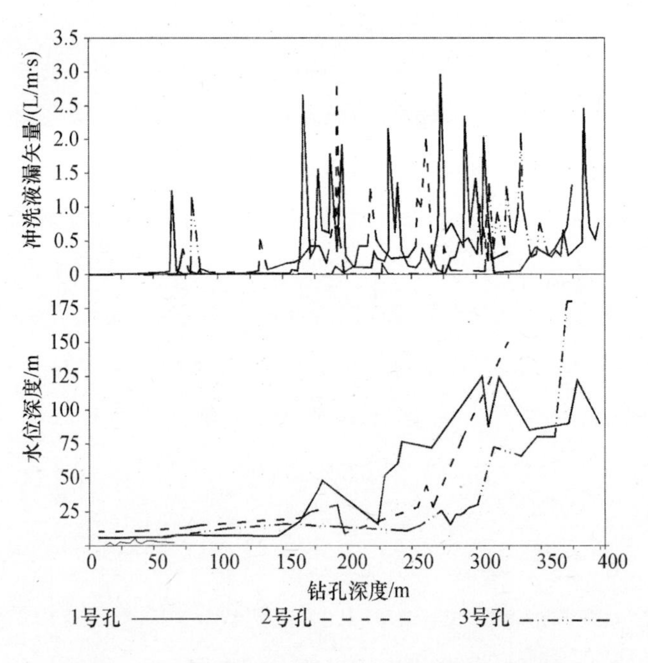

图 6－3　观测钻孔冲洗液耗失量及水位变化曲线

表6-4 N1S1测站离层破碎带漏点冲洗液耗失量

编号	回顺孔		中部孔		运顺孔	
	深度/m	耗失量/(L/m·s)	深度/m	耗失量/(L/m·s)	深度/m	耗失量/(L/m·s)
O	64.5	1.25	73.0	0.39	80.0	1.14
A			132.6	0.53		
B	162.4	0.76	171.5	0.41		
C	176.6	1.27	185.1	0.90	190.9	0.13
D	187.0	1.78	194.0	0.59		
E	196.0	1.93	204.1	0.10		
F			220.4	0.89	227.1	0.17

2. 覆岩破坏规律

1）覆岩破坏裂缝带高度、形态

回风巷内附近1号孔观测到覆岩破坏垮落带顶界面深度396.02m,高度46.44m,是工作面采高的3.74倍。

回风巷内附近1号孔观测到覆岩破坏裂缝带顶界面深度220.92m,高度221.54m,是工作面采高的17.84倍;工作面中部2号孔观测到覆岩破坏裂缝带深度261.50m,高度197.21m,是工作面采高的15.88倍;运输巷内附近3号孔观测到覆岩破坏裂缝带顶界面深度276.55m,高度198.90m,是工作面采高的16.01倍。裂缝带顶界面呈中部低、两侧高的“马鞍”型。

回风巷内附近1号孔实测有B、C、D、E共4个离层发育,其中最浅部的离层B深度162.35m,高度282.11m,是工作面采高的22.71倍;工作面中部2号实测有A、B、C、D、E、F共6个离层发育,其中最浅部的离层A深度为132.6m,高度326.11m,是工作面采高的26.26倍。运输巷内附近3号孔实测有离层C发育,深度为190.85m,高度284.60m,是工作面采高的22.91倍。离层区顶界面呈中部高、两侧低的拱型。根据钻孔冲洗液耗失量变化、钻进特征等，结合覆岩破坏基本规律，绘制 N1S1 综放开采工作面上覆岩层破坏分带示意图，如图 6－4 所示。

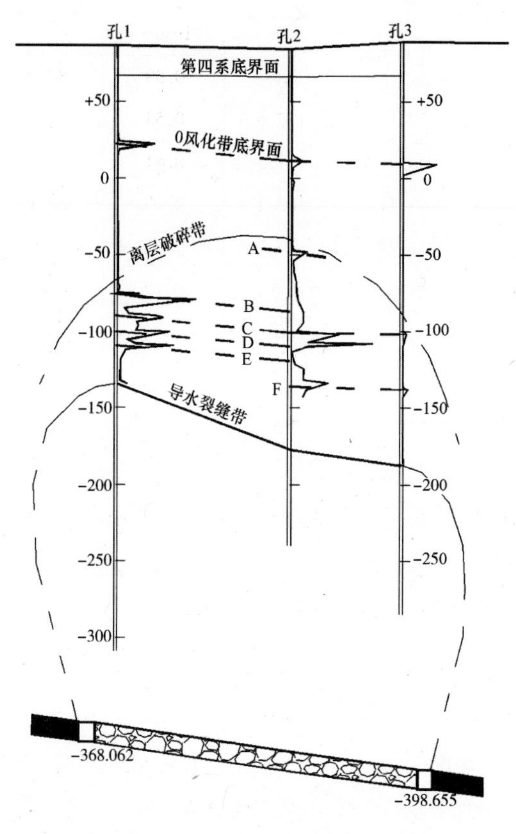

图 6－4　N1S1 工作面覆岩破坏示意图

2）破坏覆岩冲洗液耗失量

钻孔冲洗液耗失量是反映岩层原生或采动裂隙渗透漏水能力的一个非常实用的指标。岩层采动前后，以及采动过程中钻孔冲洗液耗失量的变化，透射出的是覆岩采动状况。

根据我国覆岩破坏"三带"孔施工经验，裂缝带低位严重断裂岩层，裂缝连通性好，钻孔冲洗液耗失量一般可达 1.0L/m · s。中位一般开裂岩层钻孔冲洗液耗失量0.1～1.0L/m·s,上位微小开裂岩层钻孔冲洗液耗失量小于0.1L/m·s。

N1S1工作面原岩对比孔钻孔冲洗液耗失量普遍为0.001～0.003L/m·s,平均0.002L/m·s左右。白垩系风化带底部(深度约70m)发育有破碎泥岩层。煤田勘探钻至该泥岩层时多漏水。原岩对比孔钻至深212.3m时,遇泥岩破碎带,钻孔冲洗液耗失量0.19L/m·s。

N1S1工作面回风巷和中部观测孔,裂缝带岩层平均钻孔冲洗液耗失量0.50～0.71L/m·s,为原岩的250～350倍。离层破碎带岩层平均钻孔冲洗液耗失量0.34～0.47L/m·s,为原岩的170～235倍,见表6－5。

表6－5 采动前后钻孔冲洗液耗失量对比

覆岩区域	1#孔漏失量/(L/m·s)	2#孔漏失量/(L/m·s)	3#孔漏失量/(L/m·s)	与采前比/倍
离层带上方	0.03	0.02	0.01	10～15
离层带	0.47	0.34	0.01	170～235
裂缝带	0.71	0.50	0.69	250～355

3) 覆岩破坏发展过程

工作面推进过程中,上覆岩层变形破坏由下至上逐步发展。导水裂缝带在滞后工作面一定距离处发展到最大高度,覆岩破坏达到最充分状态。随着远离工作面,采空区逐渐压实,空隙缩小、裂隙闭合。钻进时,岩层漏失量减小,导水裂缝带下降。覆岩破坏发展的时间与空间关系特征,在大平煤矿软弱地层条件下,表现明显。

N1S1工作面测站回风巷观测孔较运输巷观测孔早开工23天。钻至同一岩段,回风巷观测孔深度162.4～220.9m时,滞后工作面距离110～116m;运输巷观测孔深度177.5～232.1m时,滞后工作面距离 172 ~ 178m。回风巷钻孔钻进时明显有 4 个离层破碎点,最大漏失量 1.78L/m · s;运输巷钻孔钻进时仅见 2 个漏点,最大漏失量 0.17L/m · s。该岩段钻进,回风巷孔冲洗液耗失量平均 0.82L/m · s,运输巷孔冲洗液耗失量平均 0.03L/m · s,相差 26 倍,见表 6 – 6。

表 6 – 6　N1S1 测站离层破碎带冲洗液耗失量

观测孔	深度范围/m	岩段长度/m	滞后距离/m	漏失量/(L/m · s)
1#孔	162.4 ~ 220.9	58.5	110 ~ 116	0.82
2#孔	171.5 ~ 227.1	55.6	120 ~ 126	0.65
3#孔	177.5 ~ 232.1	54.6	172 ~ 178	0.03

回风巷孔测得导水裂缝带发育高度 221.54m,为采高的 17.84 倍;运输巷孔测得导水裂缝带发育高度 198.90m,为采高的 16.01 倍。滞后工作面距离增加 62m,导水裂缝带高度下降 22.65m,导水裂缝带高度与采高比下降 1.83。

S2N1 工作面观测站,距开切眼 804m 观测孔在滞后工作面距离 75m 时,测得导水裂缝带发育高度 193.15m,为采高 11.54m 的 16.74 倍;距开切眼 971m 观测孔在滞后工作面距离 175m 时,测得导水裂缝带发育 148.23m,为采高 9.68m 的 15.31 倍。滞后工作面距离增加 100m,导水裂缝带高度与采高比下降1.41倍。

数据显示:工作面推进度平均 3m/d,即工作面推过 36 ~ 40 天,滞后工作面距离 110 ~ 120m 前后,覆岩破坏最充分,导水裂缝带发育高度最大。

图 6 – 5 为根据 N1S1、S2N1 等工作面测站回风巷、运输巷观测孔数据整理到的导水裂缝带发育高度与工作面关系图。

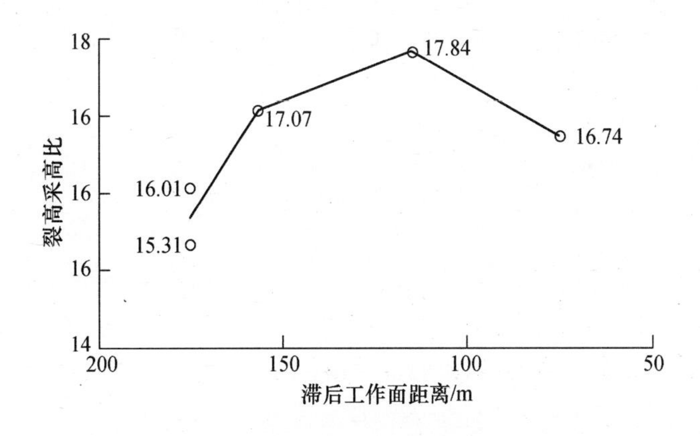

图6-5　导水裂缝带高度与工作面关系

6.1.3　康平煤田及大平煤矿导水裂缝带高度

相邻矿井小康煤矿1993年在S1W1综放开采工作面布置4个地面钻孔，采用钻孔冲洗液耗失量法进行了覆岩破坏观侧。S1W1工作面走向长1000m、倾向长150m、煤层倾角6°左右，采厚10.73m。工作面测站条件见表6-7。

表6-7　小康煤矿S1W1工作面及钻孔主要参数

钻孔编号	钻孔位置	工作面参数/m		底板标高/m	煤层采厚/m
		长度	宽度		
1	运顺内10m	1500	150	-501.43	10.73
2	运顺内74m(中部)			-502.99	
3	回顺内10m			-494.03	
4	回顺内60m(中部)			-490.20	
2	运顺内15m			-627.328	

根据实测数据：小康煤矿S1W1综放工作面开采覆岩导水裂缝带发育高度193.41~198.41m，为采高的18.03~18.49倍，见表6-8。

表6-8　小康煤矿覆岩破坏观测主要成果表

矿井	工作面	钻孔编号	导水裂缝带高度/m	裂高采高比/倍
小康煤矿	S1W1	1	193.41	18.03
		3	198.41	18.49

据小康煤矿和大平煤矿共7个综放面18个覆岩破坏观测孔实测数据资料，康平煤田工作面长度为195～278m，采深410～710m，煤层采出厚度为7.54～15.17m，根据实测观测数据分析，确定导水裂缝带最大高度与工作面采高的关系式为

$$H_{导}=\frac{100M}{0.2M+3.6}\pm 12.0$$

导水裂缝带最大高度与采放高度关系曲线图如图6-6所示。

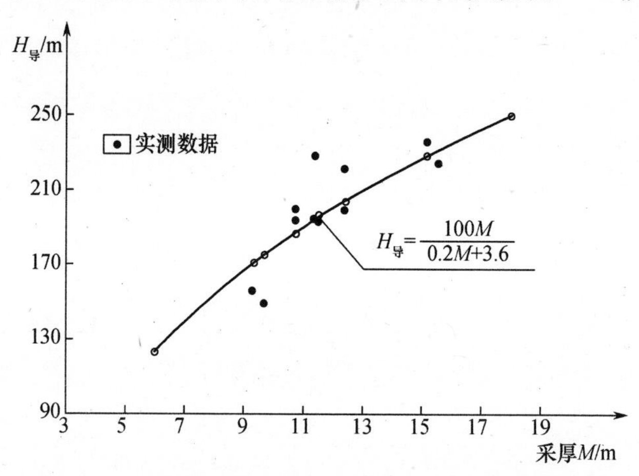

图6-6　导水裂缝带最大高度与采放高度关系曲线图

6.2　覆岩破坏EH-4探测研究

EH-4连续电导率仪是通过发射和接收地面电磁波，探测大地电阻率或电导率，由布设的探测点阵组成目标体二维电阻率剖面

图像。

我国1996年开始引入使用EH－4，最初成功用于干旱地区找水，现广泛应用于矿床勘探、地下空区探测等矿山开采领域。

大平煤矿N1S1和N1S2、S2S2工作面开采前后，采用EH－4对覆岩破坏进行了勘探。各探测区测线情况见表6－9。

表6－9 EH－4探测工程量

N1S1区		S2S2区		N1S2区	
测线号	测线长/m	测线号	测线长/m	测线号	测线长/m
1	300	B	320	B	500
2	300	C	320	1	500
3	160	D	430	3	500
4	160			4	640
5	260			6	500

6.2.1 岩石电阻率基本特性

岩石电阻率是岩石电磁特性之一。表6－10为部分沉积岩天然及干燥、充水状态下的电阻率。

表6－10 沉积岩石电阻率表 （单位：Ω·m）

岩石名称	天然的	干燥的	岩石名称	充水后
黏土	$0.5 \sim 2\times10^2$		泥岩	<5
泥页岩	1.0×10^3		细砂岩	30～40
长石砂岩	6.8×10^2		泥质粉砂岩	10～15
砂岩	3.5×10^4		砂岩	>40
石灰岩	2.1×10^5	1.0×10^6	粉砂泥质岩	5～8
砾岩	$2\times10 \sim 10^2$	1.0×10^6	胶结砂岩	>70
板岩	$10 \sim 10^2$	3.9×10^5	粉砂岩	10～20
泥质页岩	$6\times10 \sim 10^3$	2.3×10^7	微细粉砂岩	15～25
煤	$10^2 \sim 2.5\times10^4$		砾岩	>100

6.2.2 大平煤矿地层电性特征

1. 天然状态下地层电性特征

原岩地层视电阻率主要与覆岩岩性、含水量,以及岩石孔隙度、孔隙水饱和度等有关。

大平煤矿井田煤层形成于三台子沉积初、中期,地壳相对稳定(下降)阶段浅水沼泽相环境,后期过渡到浅水湖泊相时沉积了上覆油页岩和深色泥岩。侏罗纪后,地壳快速上升,在河漫相沉积期形成了以粉砂岩、粗砂岩和砂砾岩为主的白垩系地层,部分层位岩层微弱含水,风化带岩层含水较丰富。构造抬升期沉积了黏土、亚黏土第四系地层,底部赋存有砾石,富含水。

井田第四系黏土、亚黏土地层,自然状态视电阻率一般为20~50Ω·m,底部砾石层含水丰富,视电阻率为5~10Ω·m;白垩系地层泥岩、粉砂岩视电阻率较低,一般为20~60Ω·m,砂岩一般为600~800Ω·m,砾岩在1000Ω·m以上,含水层视电阻率为30~50Ω·m;侏罗系煤层顶板油页岩视电阻率为200Ω·m左右,煤层视电阻率大于1000Ω·m。

与地层天然赋存形态一致,原岩地层视电阻率呈近水平层状分布。

2. 采动条件下地层电性特征

覆岩采动破坏产生裂隙,岩层断裂、离层、垮落。一般岩石骨架、空气属非导体,干燥砂岩、砾岩视电阻率通常为10^6~10^7Ω·m以上。未充水的采动裂隙岩体或断裂、离层空间,多显示为高阻区或高阻团。若含水层顶底板隔水层被采动破坏,承压水将通过采动导水裂隙上侵或下渗到含水层顶底板隔水层及其他非含水层中,使其充水。岩层裂隙水视电阻率一般为0.1~10Ω·m,充水的采动裂隙岩体或断裂、离层空间,多显示为低阻区或低阻团。地(岩)层采动充水前后电阻率变化见表6-11。

表 6-11　地(岩)层采动充水前后电阻率变化表　(单位:Ω·m)

地层(岩层)	采动前天然状态	采动后充水状态
第四系地层	50~100	5~10
白垩系上部风化带岩层	100~300	10~30
风化带下部岩层	600~1000	20~30
侏罗系煤层顶板岩层段	1200 左右	30~40
煤层段	1500 左右	30~40

6.2.3　典型观测站剖面成果解释

以下分析以 N1S1 综放开采工作面 EH-4 探测成果为例,探测区位置及测线布置如图 6-2 所示。

1. 1 号勘探线成果解释

图 6-7~图 6~9 为 1 号勘探线 2006 年 2 月 9 日、3 月 18 日和 5 月 1 日探测的地层电阻率分布等值线图,勘探线分别位于工作面前方 96m、工作面后方 22m 和 122m。

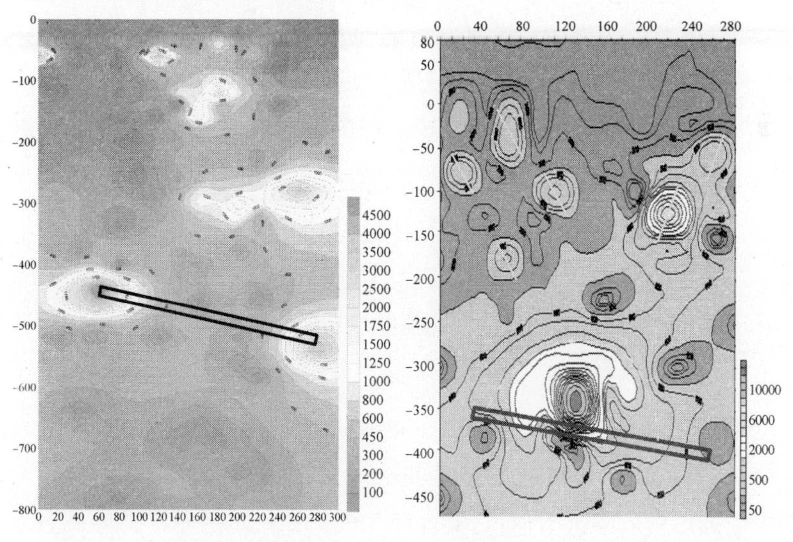

图 6-7　1 号线工作面前 96m　　图 6-8　1 号线工作面后 22m

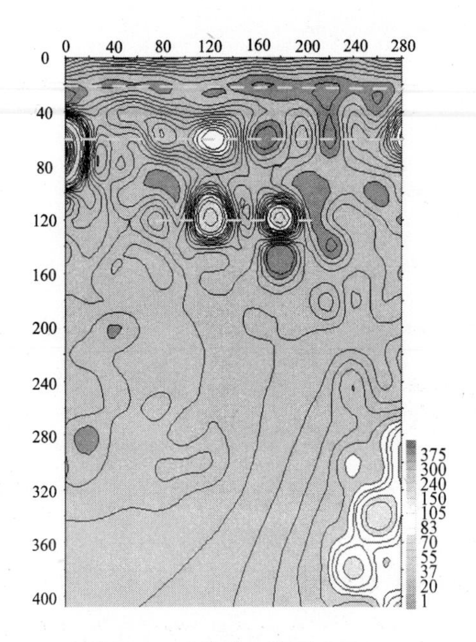

图 6-9　1 号线工作面后 122m

工作面前方 96m，第四系地层电阻率 100Ω · m 以下，煤层上覆岩层电阻率多为 300 ~ 500Ω · m，－440m 工作面回风巷及围岩显示为一 1000 ~ 5000Ω · m 高阻团，覆岩无充水特征。

工作面中部采空区上方可见断裂、垮落破坏顶板岩层形成的拱形高阻区，拱顶深度约 350m。拱底核心区视电阻率 1.0×10^4 Ω · m 以上，显示垮落区内存在大量空洞、空隙。拱上方 ±0m 标高水平以下多个呈"V"形分布的高阻团，显示高位有岩层被剪断，尚未波及浅部地层。

工作面推过 122m 后，第四系地层上部黏土、亚黏土层视电阻率20 ~ 40Ω · m，层状分布，等值线平稳、清晰。深度约 20m 底部含水砾石层显示为 10Ω · m 以下串珠状低阻区；深度约 60m 水平白垩系风化带底界面为一组串珠状高、低阻团，显示第四系含水层与白垩系上部风化带含水段间，局部形成了水力通道；深度约 120m 水平，工作面中部发育 2 个 200Ω · m 以上高组团，显示有未充水离层空间发育。

2. 2 号勘探线成果解释

图 6－10 为 2 号勘探线 2006 年 5 月 1 日探测的地层电阻率分布等值线图，勘探线位于工作面后方 92m。

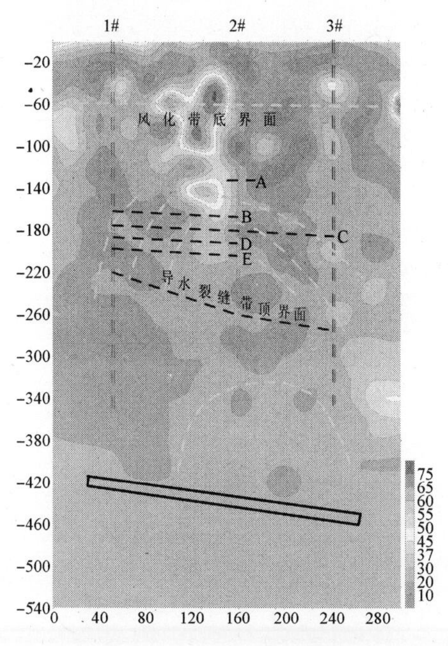

图 6－10　2 号线工作面后 92m

深度 60m 水平，白垩系风化带底界面采动破坏岩层显示为一组串珠状高阻团；深度约 150m 水平之下可见由串珠状高、低阻团或其边界形成的多层拱形；深度约 200m 水平下拱内岩层视电阻率 20～40Ω · m，显示为充水状态。

“三带”钻孔实测裂缝带高度 197. 21～221. 54m（为采高 12. 42m 的 15. 88～17. 84 倍），其内岩层电导率 30Ω · m 左右，分布均匀、稳定。导水裂缝带之上岩层电导率一般 10～20Ω · m，分布相对复杂，其内有 B、C、D、E、F 离层破碎岩层发育。

3. 3 号勘探线成果解释

图 6－11～图 6～13 为 3 号勘探线 2006 年 2 月 9 日、3 月 18 日和

5 月 1 日探测的地层电阻率分布等值线图,勘探线分别位于工作面前方 58 ~ 158m、工作面前方 30 ~ 后方 95m、工作面后方 22 ~ 122m。

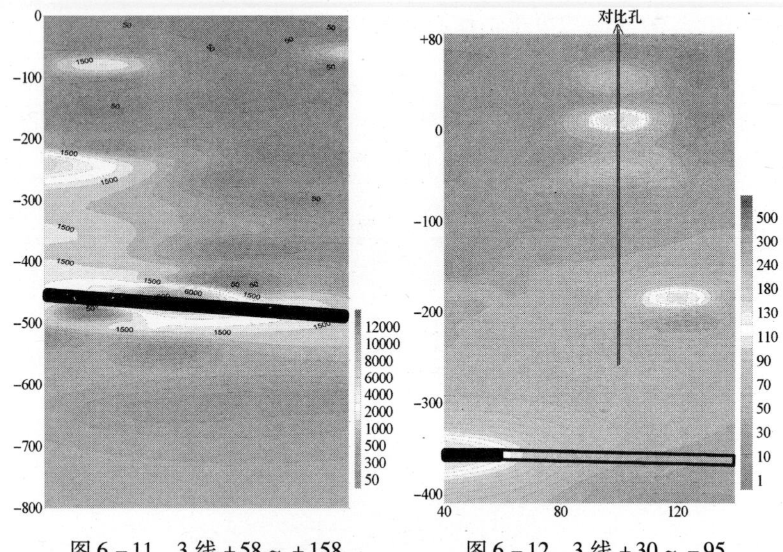

图 6 - 11　3 线 + 58 ~ + 158　　　　图 6 - 12　3 线 + 30 ~ - 95

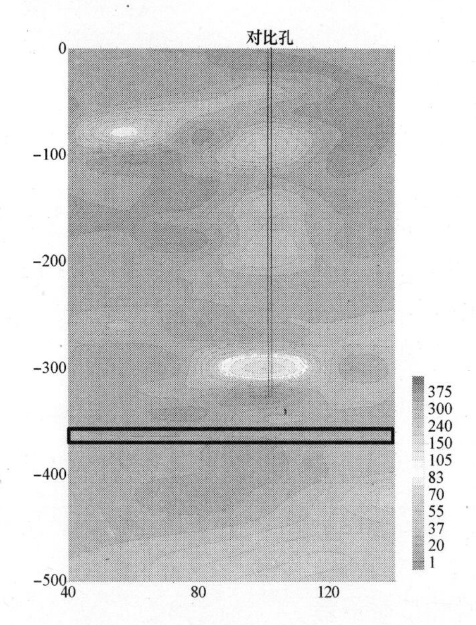

图 6 - 13　3 号线 - 22 ~ - 122m

根据图像资料整理出从工作面前方158m至工作面后方195m不同深度地层(岩层)平均电导率见表6-12。可见,随工作面临近,工作面前方约沿72°移动角范围内岩层,电阻率开始急剧下降。工作面推过后,电阻率降至40Ω·m以下,呈现出充水特征。

表6-12 工作面前方岩层电导率分布

地层(岩石)	深度/m	岩层电导率/Ω·m			
		158m	92m	58m	30m
第四系	0~20	75	50	25	10
白垩系 风化带	20~80	350	50	100	10
未风化带	80~200	1200	200	150	20
	200~300	1200	350	200	30
	300~380	700	600	450	45
侏罗系油页岩泥岩	380~450	1200	750	500	35
煤层采空区	450~480	1500	1500	1000	130

3月18日和5月1日探测剖面电阻率图像见有对比孔。该钻孔位于3号勘探线下山方向,距离勘探线垂直距离14m。

4. 5号勘探线成果解释

图6-14和图6-15为5号勘探线2006年3月18日和5月1日探测的地层电阻率分布等值线图,勘探线分别位于工作面后方82m、182m。

图6-14尚可见串珠状拱形分布形态。与2号勘探线图6-10工作面后方92m地层电阻率图像比较,拱形略显紊乱,拱顶深度约150m(高度310m,为采高12.42m的24.9倍)。对照1号勘探线图6-8工作面后方22m地层电阻率图像,可以看出,随工作面推过距离的增加,工作面上覆岩层电阻率图像从初期较为杂乱无序,后期逐渐清晰,与覆岩破坏、充水从发展到稳定的过程相吻合。

图6-15显示有编号为1号的覆岩破坏“三带”钻孔。该钻孔

在回风巷内14.5m、5号勘探线采空区一侧，距离勘探线垂直距离12m。钻孔施工过程中，在深64.51m触及白垩系风化带底界面、深度162.35～205.22m遇B、C、D、E离层破碎岩层。3月28日离层破碎带钻进堵漏时，22h注入了79.3m^3水泥。逸散的充填堵漏材料，在钻孔两侧约20m范围形成高阻区。

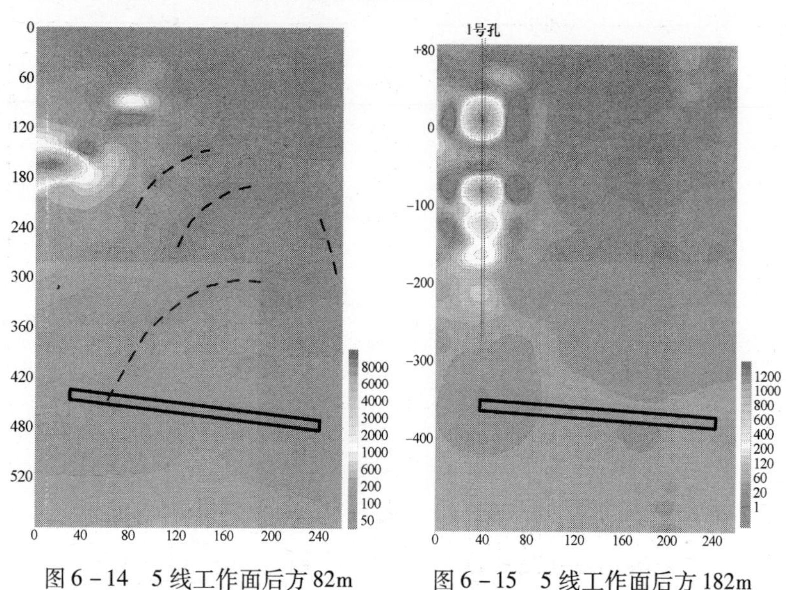

图6－14　5线工作面后方82m　　图6－15　5线工作面后方182m

6.3　覆岩破坏相似材料模拟试验

6.3.1　试验模型概况

实验在200mm×4000mm×2000mm平面模型实验台上完成。材料主要为ϕ0.1～0.35mm硅砂、云母粉、石灰、石膏等。

试验以大平煤矿水库下N1S1试采工作面为原型，按几何相似常数1/400、容重相似常数1.5、强度相似常数1/600制作模型。选择4种配比材料模拟不同岩性的岩层，各种材料配比及主要物理力学性质指标见表 6 - 13。

制作的模型为工作面走向剖面模型,倾角为 0°,模型高度为 1.31m。

表 6 - 13 相似材料配比及主要物理力学性质

配比号	硅砂	石灰	石膏	水	容重/(t/m³)	单轴抗压强度/kPa
A	7	0.5	0.5	1/9	1.81	47 ~ 66
B	7	0.6	0.4	1/9	1.76	30 ~ 38
C	7	0.7	0.3	1/9	1.74	13 ~ 19
D	8	0.6	0.4	1/9	1.80	6 ~ 11

模拟的第四系松散层厚度 12m,风化带岩层厚度 48m,未风化软岩段岩层厚度 140m,硬岩段岩层厚度 220m,煤层顶板岩段岩层厚度 48m,煤层厚度 16m,煤层赋存深度 484m,煤层底板岩段岩层厚度 60m。图 6 - 16 为模型全景照片,模型材料组合情况如图 6 - 17 所示。

图 6 - 16 相似模型材料全景照片

原型深/m	模型高/cm	岩段名称	材料组成
0～12	131～128	第四系	E
12～60	128～116	风化带	D
60～200	116～80	未风化软岩段	A、B、C 规定组合（详见右）
200～420	80～26	硬岩段	C B A C A 交替组合
420～468	26～14	煤层顶板岩段	B、C 交替组合
468～484	14～10	煤层	B
484～524	10～0	煤层底板岩段	A

未风化软岩段材料组成

材料	模型/cm	原型/m
A	3	12
C	5	20
A	3	12
C	2	8
A	5	20
C	2	4
B	3	12
C	1.5	6
B	3.5	14
C	3.5	14
A	2.5	10
C	2	8

图 6－17　模拟岩层结构相似材料组合图

模拟工作面采高分别为 8m、12m 和 16m，对应模型开采高度分别为 20mm、30mm 和 40mm。3 种采高模型推进长度分别为 100cm、80cm 和 80cm，相当于工作面实际推进 400m、320m 和 320m。

6.3.2 岩层移动破坏形式

根据模拟实验,工作面上覆岩层主要表现为弯曲沉降、垂直于层面方向的开裂或断裂、沿层面方向开裂或离层等形式的变形破坏,以及垮落、水平串动或转动的形式的移动。图 6-18 为工作面上覆岩层变形破坏形式示意图。

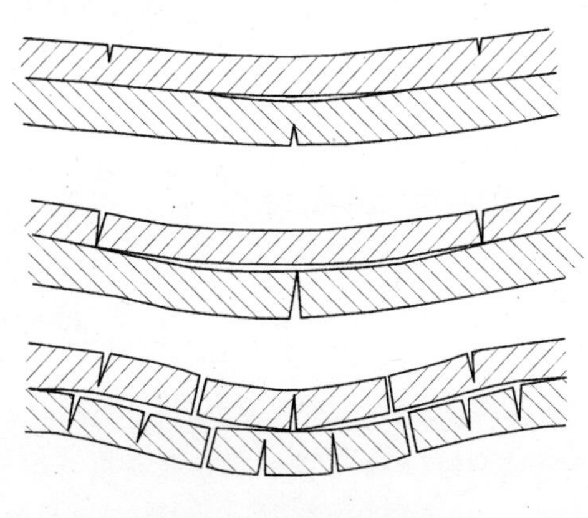

图 6-18 岩层变性破坏形式

6.3.3 覆岩"三带"破坏特征

工作面上覆岩层中以不同形式变形破坏与移动的岩层,其破坏、变形具有明显的分带性,自下而上可分为垮落带、裂缝带和弯曲带。覆岩"三带"破坏特征,在相似材料模拟试验中显现非常直观。

1. 垮落带

图 6-19 为工作面覆岩垮落带岩层破坏特征图。从图中可见,工作面煤层顶板岩层,经历了采动集中应力的作用,断裂裂缝密集,顺层开裂充分。煤层采出后,自下而上逐层垮落。因岩块碎胀,自由空间逐渐减小。当剩余自由空间高度小于垮落岩层厚度时,岩层垮落后便逐层有序地排列在下方自由堆积的岩块上,直至自由空间消失,岩层垮落过程终止。

图 6 - 19　工作面垮落带岩层破坏特征(采高 8m)

2. 裂缝带

图 6 - 20 为覆岩裂缝带岩层破坏特征图。裂缝带岩层的破坏主

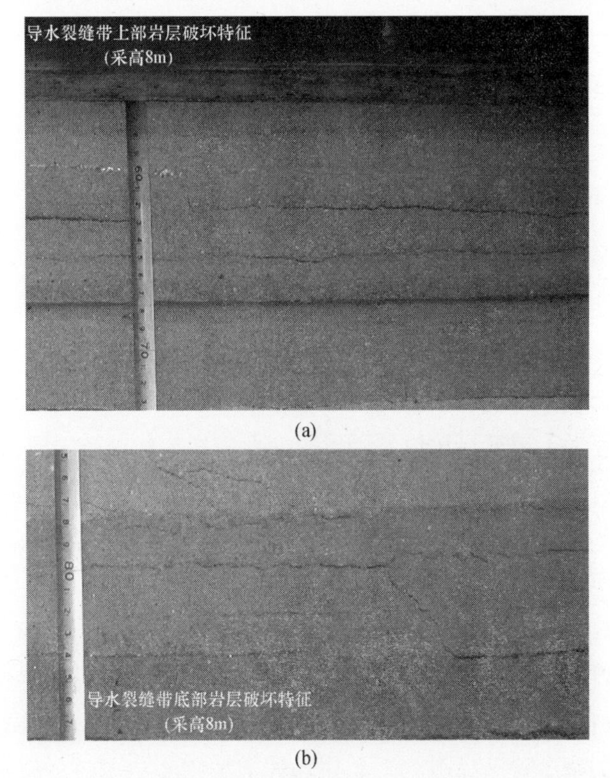

(a)

(b)

图 6 - 20　工作面裂缝带岩层破坏特征(采高 8m)

(a)上部岩层;(b)底部岩层。

要是沿层面的开裂和离层及垂直于层面的开裂或断裂。底部靠近垮落带的岩层,层间离层开裂明显,分层性好,垂直裂缝发育,且多为断裂裂缝。横纵向裂缝连通性好,岩层连续性差。上部岩层层间离层开裂逐渐减轻,多层组合特征加强,垂直裂缝减少,且多为发生在岩层上下层面的开裂,少有断裂裂缝。横纵向裂缝连通性差,岩层连续性较好。

3. 弯曲带

弯曲带岩层破坏特征如图 6－21 所示。裂缝带上方岩层以岩层组的形式处于整体弯曲变形状态。岩层或岩层组中有垂直层面或顺层面的开裂,但层间离层与垂直裂缝互不连通。

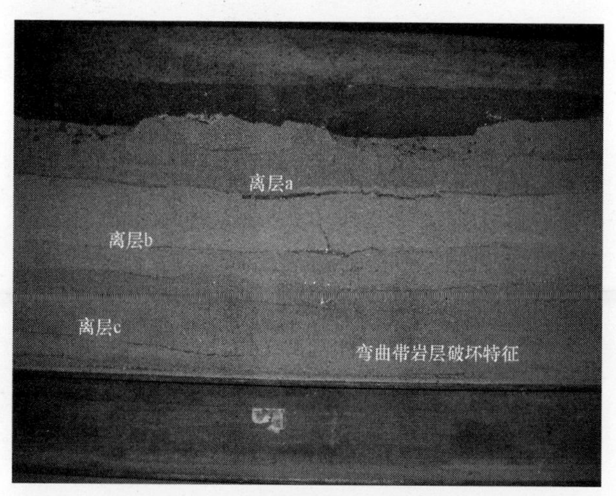

图 6－21　工作面弯曲带岩层破坏特征

6.3.4　垮落带、导水裂缝带高度

根据模型岩层变形破坏特征,模型观测采高 8.0～16.0m 条件下,垮落带高度分别为 38～78m,为采高的 4.33～4.87 倍;裂缝带高度分别为 156～320m,为采高的 19.0～20.0 倍,具体数值见表 6－14。发育层位如图 6－22 所示。

表 6－14　覆岩垮落带、导水裂缝带发育高度

采高/m	冒高/m	冒/采	裂高/m	裂/采
8	38	4.75	156	19.50
12	52	4.33	228	19.00
16	78	4.87	320	20.00

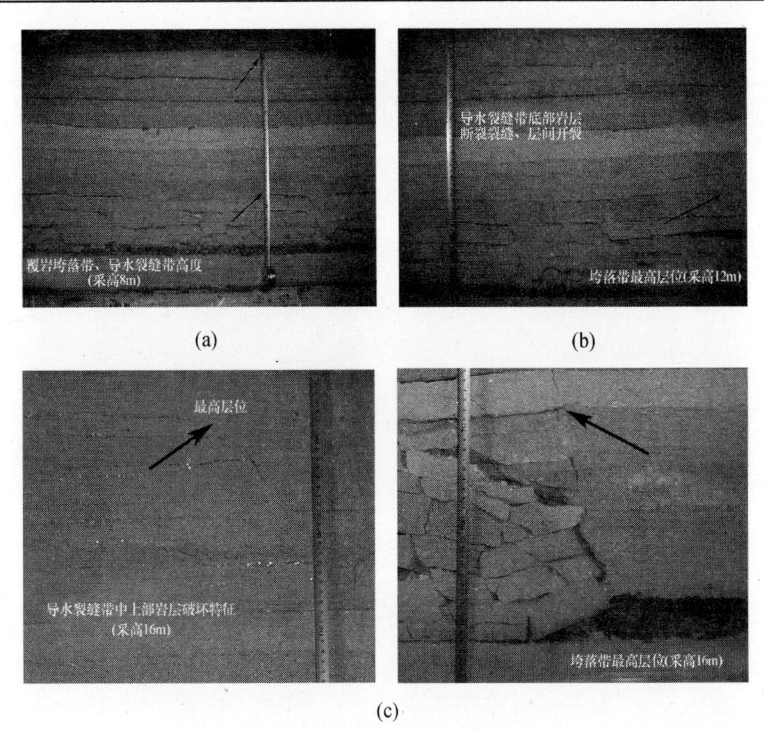

图 6－22　覆岩垮落带、裂缝带发育层位

(a)采高 8m；(b)采高 12m；(c)采高 16m。

6.3.5　弯曲带中离层的发育

实验观察到，工作面回采过程中，随开采空间的扩大，伴随着覆岩的破坏，离层由下向上逐渐发展。早期形成于下部垮落带和断裂

带内的离层,因岩层的断裂、冒落,成为层间连通裂缝而消失。而弯曲带内,因断裂裂隙稀少,从层间开裂形成离层、到离层发展、直至被压实闭合,离层得到完整的发展。

工作面上覆弯曲带岩层内离层普遍发育,但程度不一。在岩层结构较稳定,岩性及岩层厚度变化不大的岩层段,岩层多以组合岩层形式存在或层间开裂不明显,离层不发育。但在岩层结构不稳定,岩性及层厚有较大变化的岩层段,层间开裂明显,离层发育。

实验观测到3个较发育的离层,深度分别为72m、92m和128m。离层模型最大宽度3~5mm,相当于实际1.2~2.0m,如图6-21所示。

6.4 覆岩破坏数值模拟

6.4.1 $RFPA^{2D}$数值模拟模型概况

1. $RFPA^{2D}$系统的基本原理

数值模拟采用由东北大学岩石破裂与失稳中心开发的岩石破裂过程分析$RFPA^{2D}$(Rock Failure Process Analysis Code)系统。$RFPA^{2D}$系统是一种基于有限元计算原理,用于岩石(岩体)材料从细观损伤到宏观破裂的数值模拟程序。$RFPA^{2D}$通过考虑岩石性质的非均匀性,将细观力学方法与数值计算方法有机结合起来,研究岩石的非线性行为。$RFPA^{2D}$是一种用连续介质力学方法解决非连续介质力学问题的新型数值分析方法,是分析与模拟岩石非线性力学响应和破坏过程的有效工具。

岩石破裂过程分析$RFPA^{2D}$系统基本思想如下:

(1) 引入细观单元力学参数(弹模、强度等)的统计分布规律,以反映岩石材料的非均匀性。

(2) 通过破坏单元的参数弱化或退化，模拟材料破坏的非连续性。

RFPA^{2D}要点如下：

(1) 岩石材料的不均质性参数引入到计算单元，宏观破坏是单元破坏的积累过程。

(2) 单元性质是线弹－脆性或脆－塑性的，单元的弹模和强度等其他参数服从如正态分布、韦伯分布、均匀分布等。

(3) 认为当单元应力达到破坏的准则发生破坏，并对破坏单元进行刚度退化处理，故可以以连续介质力学方法处理物理非连续介质问题。

(4) 认为岩石的损伤量、声发射同破坏单元数成正比。

2. 单元破坏准则

RFPA^{2D}采用开放形式，用户可根据自己研究问题的特点和需要选择合适准则。考虑到岩石类脆性材料的抗拉强度远小于抗压强度，模拟中采用了修正后的库仑准则(包含拉伸截断 Tension cut－off)作为单元破坏的强度判据，即

$$\sigma_1 - \frac{1+\sin\varphi}{1-\sin\varphi}\sigma_3 \geqslant \sigma_c$$

或

$$\sigma_3 \leqslant -\sigma_t$$

式中 σ_c——单轴抗压强度；

σ_t——单轴抗拉强度；

φ——摩擦角。

根据这一准则，基元的破坏可能是拉坏也可能是剪坏。

3. 模型与参数

模拟力学模型如图 6－23 所示。根据 N1S1 试采工作面覆岩破坏“三带”钻孔实测成果，模型将覆岩分为直接顶岩层、裂缝带岩层和弯曲带岩层三部分。

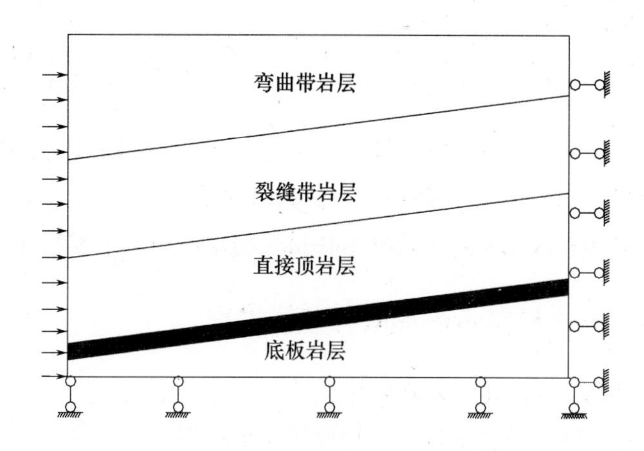

图 6－23　数值模拟力学模型

模型为倾斜剖面模型。考虑到边界效应影响问题，模型长度 1000m，大于工作面长度 4 倍。模型高度涵盖顶板岩层、煤层和底板岩层，其中直接顶岩层厚度取 5 倍采放高度，底板岩层厚度大于采放高度的 5 倍。

模型两侧和底部为位移约束，两个底铰点是固定铰支座。模型力学参数的选择结合大平煤矿地层岩性特点、煤岩物理力学性质测试结果，通过反演实测数据确定。

大平煤矿煤层上覆岩层属软弱覆岩类型，模型选覆岩抗压强度 30MPa，残余抗压强度系数 0.4。直接顶岩层抗压强度 20MPa、残余抗压强度系数 0.2。岩层弹性模量为 2000MPa，压拉强度比为 10。煤层和底板岩层视为未遭破裂的完整岩体，强度值选取得较大。计算覆岩力学参数值见表 6－15。

表 6-15　计算覆岩力学参数值

深度/m	抗压强度/MPa	抗拉强度/MPa	残余抗压强度/MPa	残余抗拉强度/MPa
0~220	30	3		
220~378	30	3	12	1.2
378~438	20	2	4	0.4

为便于探讨分析,基本规律模拟时模型煤层倾角取 0°,即按水平煤层建模。N1S1 工作面模型煤层倾角取 8°,采放高度分 8m、12m 和 16m,工作面长度 228m,开采深度 450m。模型单元尺寸为 3m×3m。

6.4.2　导水裂缝带的形成与发展过程

1. 覆岩破坏形式、特点与导水性

图 6-24 为覆岩破坏声发射模拟结果局部图。图中深色方形点表示拉张破坏单元,即覆岩中形成的拉张裂缝;浅色方形点表示剪(压)破坏单元,即覆岩中形成的剪(压)裂缝。

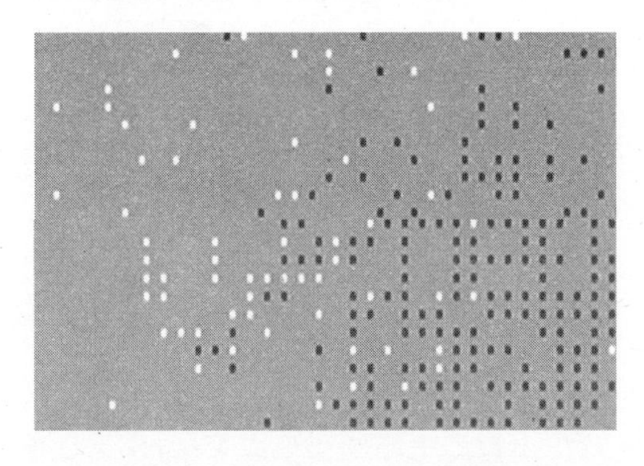

图 6-24　覆岩破坏声发射模拟结果

剪(压)裂缝是紧密闭合的,不具导水透气性;拉裂缝是张开的,有导水透气性。

RFPA^{2D}数值模拟中,将煤层上覆岩层岩采动破坏过程中,由可

相互连通的拉张破坏单元构成的区域视为覆岩破坏导水裂缝带区域。

2. 覆岩破坏导水裂缝带发展过程

煤层采空区上方覆岩变形破坏是在不断取得新的力学平衡过程中,由下至上逐步发展的,即覆岩变形破坏发展过程为一时间函数。

图 6 - 25 为导水裂缝带形成发展过程。煤层开挖后,首先是顶板岩层破坏形成冒落带,进而其上位岩层出现裂缝,并随着裂缝增多、扩展形成裂缝带。随时间推移,裂缝带继续向上发展,覆岩中最终形成稳定的裂缝带。

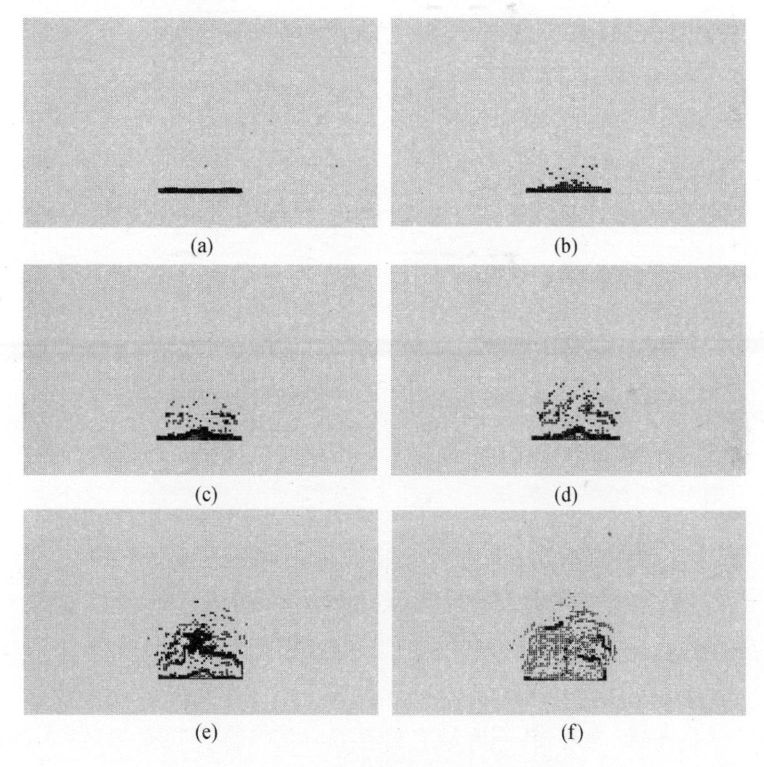

图 6 - 25　导水裂缝带形成发展过程

(a)煤层开挖;(b)下位岩层形成冒落带;(c)中位岩层出现裂缝;
(d)中位岩层形成裂缝带;(e)上位岩层出现裂缝;(f)最终形成导水裂缝带。

6.4.3 采动应力分布特征

图 6－26 为不同深度水平 4 个水平剖面应力分布曲线图。A 剖面为地表、B 剖面垂深 120m、C 剖面垂深 264m（距煤层底板 174m）、D 剖面垂深 354m（距煤层底板 84m）。图中最大主应力为垂直方向主应力，最小主应力为水平方向主应力。

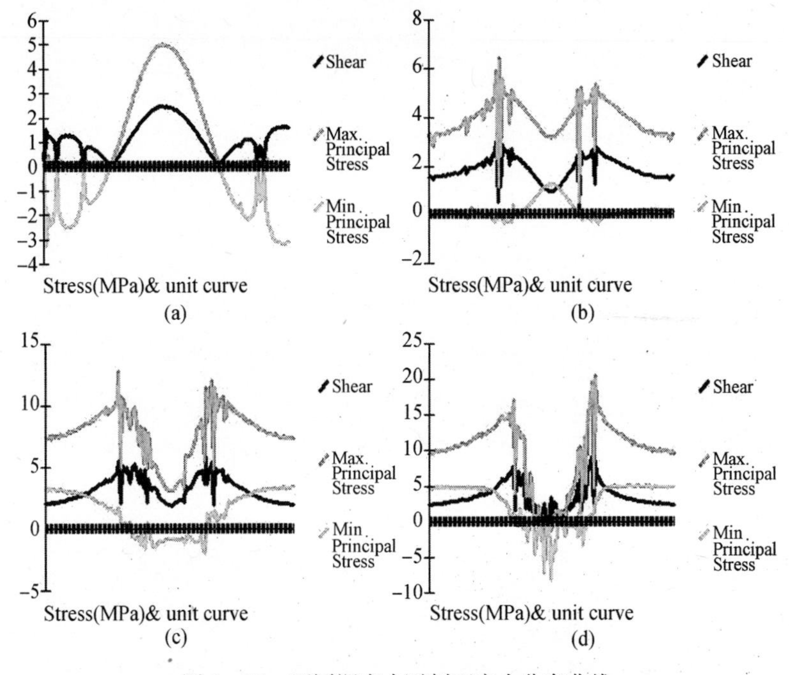

图 6－26 不同深度水平剖面应力分布曲线

（a）A 剖面为地表；（b）B 剖面垂深 120m；

（c）C 剖面垂深 264m；（d）D 剖面垂深 354m。

应力分布特征如下：

（1）除地表外，各剖面最大主应力均对称分布于采空区两侧，由下至上峰值位置远离采空区边界，应力集中系数降低。

（2）在采空区上方，最大主应力由下至上逐渐增大，在 C 剖面达到原岩应力，即煤层底板 174m 高度范围内岩层处于垂直卸压状态。

（3）各剖面最小主应力都出现了拉应力，但产生拉应力的区域和数值不同。剖面 C、D 拉应力区处于工作面中部，与采空区边界相对应；剖面 B 拉应力区处于对应采空区边界两侧各 30 ~ 50m 的区域；地表剖面 A 拉应力区处于采空区边界外约 80m 以外的区域。除地表外，拉应力数值由下至上逐渐降低。

将上述各剖面及其它剖面应力特征边界点连线得出工作面上覆岩层应力性质分区图，如图 6－27 所示。由 D、C 组成的拱型区域为垂直应力卸压区，即垂直应力小于原岩垂直应力，拱高约 310m，距地表深 128m。由 A、B 组成区域为垂直应力增大区，即增压区，粗线为应力峰值线。由 B、C 组成的近似三角型区域为水平方向压缩区，深度约 234m。由 A、D 组成的“V”形区域为水平方向拉伸区。

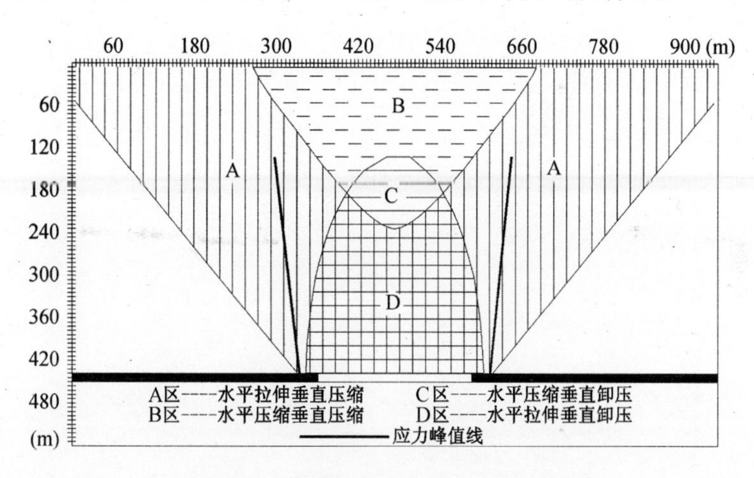

图 6－27　上覆岩层应力分区分布特征

6.4.4　覆岩破坏的应力环境

由图 6－27 可以看出：

（1）A 区——岩层呈水平拉伸、垂直压缩状态，岩层破坏产生闭合的剪(压)裂缝。覆岩中上下岩层间岩层剪(压)裂缝不能相互连通,不导水。但在地表处,由于有自由面存在,可产生地裂缝。

(2) B区——岩层垂直与水平方向均呈压缩状态,不具备产生可导水的拉张裂缝的应力条件。

(3) C区——岩层呈垂直方向卸压、水平方向压缩的应力状态,是离层发育的有利空间。

(4) D区——岩层呈水平方向拉伸、垂直方向卸压应力状态,上下岩层间岩层拉张破坏裂缝可相互连通,形成导水裂缝带。

6.4.5 覆岩破坏形态与特征

1. 导水裂缝带

覆岩破坏导水裂缝带岩层由工作面中部上覆岩层中拱形卸压区扣除其顶部呈水平压缩状态的岩层组成,岩层中由拉张裂缝破坏单元构成导水裂缝带范围,如图6-28所示。

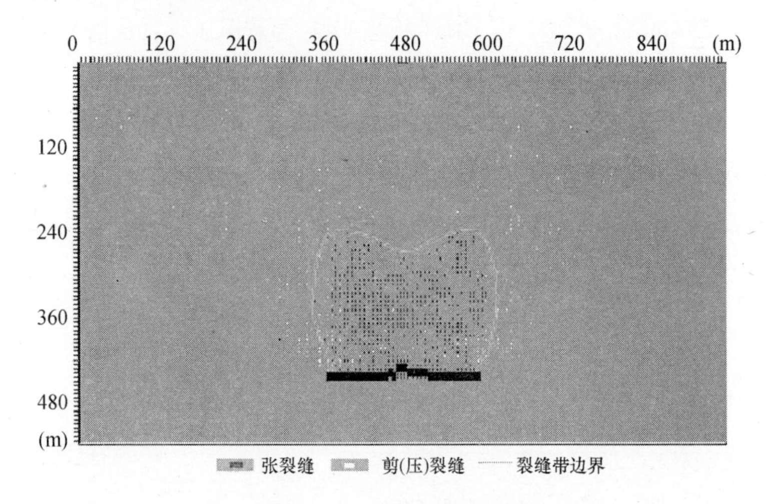

图6-28 导水裂缝带范围

根据工作面上覆岩层采动应力分布模拟结果,覆岩破坏导水裂缝带边界线呈心脏线形状,上部为马鞍状。低点为水平压缩区下边界点，处于工作面中部；高点为拱形卸压区与水平压缩区边界线交点，对称分布于低点两侧。

根据模拟工作面覆岩张拉破坏单元分布结果，导水裂缝带顶界面发育深度范围为183～234m，高度范围为204～255m，是煤层采厚的17～21倍。

导水裂缝带内，岩层单位面积拉张裂缝数量自下而上呈逐渐递减趋势，连通程度逐渐变低。根据模拟结果统计，导水裂缝带底部72m高范围内岩层中，产生拉张裂缝的岩层面积为68.75%，而顶部60m厚岩层中产生拉张裂缝的岩层面积为21.75%。

2. 离层发育区

覆岩采动离层发育在工作面中部拱形卸压区的顶部，岩层水平方向应力呈压缩状态的区域。

根据工作面覆岩采动应力分布模拟结果，离层发育在深度128～234m，高度204～310m（相当于煤层采厚17～26倍）范围的岩层内。

6.4.6 不同采高导水裂缝带模拟结果

开采深度450m，工作面长228m，煤层倾角8°，直接顶厚度和采放高度一一对应成正比。采放高度8m、10m、12m、14m、16m，覆岩采动破坏模拟结果如图6-29所示，连通的张拉破坏单元构成的导水裂缝带范围高度见表6-16。

表6-16 不同采高导水裂缝带高度

采放高度/m	8	10	12	14	16
导水裂缝带高度/m	169.5	207.2	217.7	228.5	260.8
导水裂缝带高度/采放高度	21.2	20.7	18.1	16.3	16.3

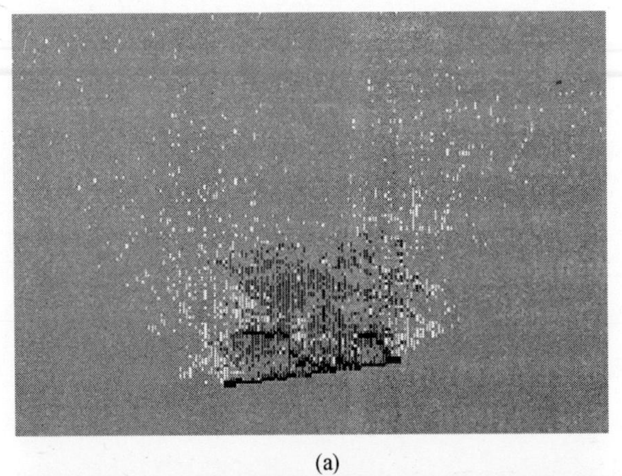
(a)
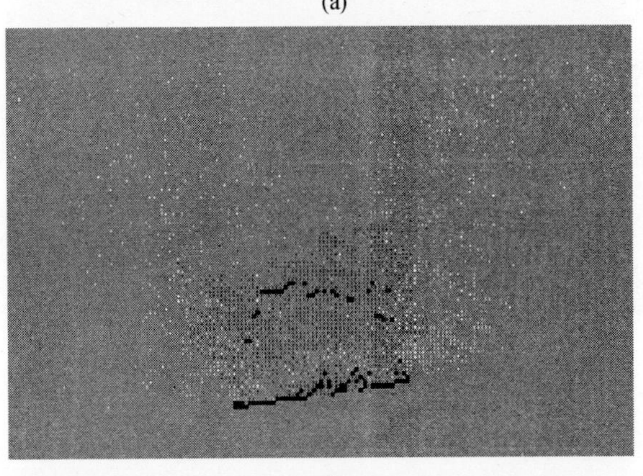
(b)
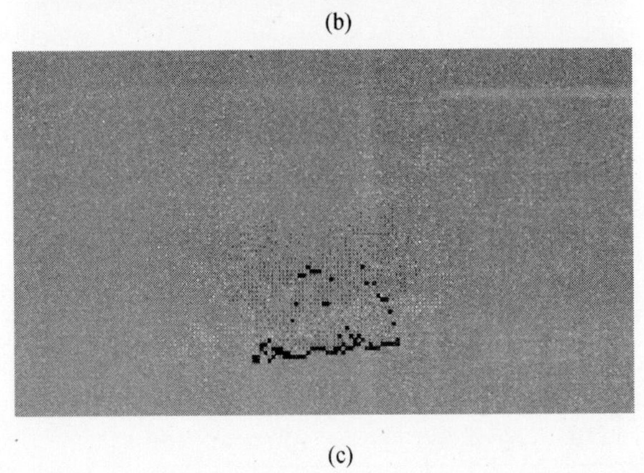
(c)

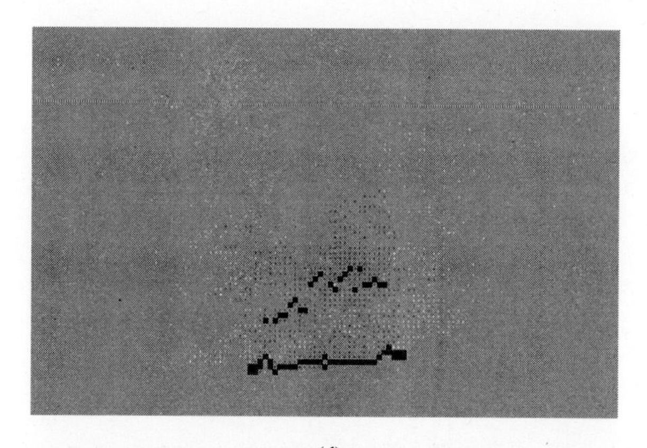

(d)

(e)

图 6-29　不同采高导水裂缝带模拟结果

(a) $M=8$m；(b) $M=10$；(c) $M=12$m；

(d) $M=14$m；(e) $M=16$m

第7章 水文监测及成果分析

我国综放开采工艺推广至今仅有20多年的历史,覆岩破坏规律认识尚不充分,工作面采高控制又具有不确定性。影响覆岩破坏的地层、地质、采矿因素众多,条件复杂。深入研究综放开采覆岩破坏规律,提高由导水裂缝带发育高度评价采动裂隙导水危险可靠性的同时,建立水害预警系统,提升矿井水库下开采安全保障技术能力十分必要。

2008年大平煤矿建立了矿井防治水预测预报系统,旨在通过对地面库水、地下含水层水位,以及矿井涌水量变化等实时监测,分析各水体与矿井涌水间联系,评价库水危险度,实现水害预警。

7.1 水情在线自动监测系统简介

7.1.1 系统设计基本原则

水情监测系统设计是为了满足矿井对水文变化情况实时观测的需求,解决因水文数据管理、查询落后而经常发生水害的情况。本系统设计如下具体原则。

(1) 系统性原则:从系统论的观点出发,以实现系统总体功能为目的,来构建整个系统结构,以达到最优化经济结构。

(2) 实用性原则:指本系统可以不改变计算机管理系统,操作方便、快速、简捷。

(3) 可靠与安全性原则:系统设备能可靠、稳定工作。

(4) 最优性价比原则:在实现系统功能的原则基础上,尽量减少项目的经费投入。

(5) 先进性原则:系统设计的技术水平达到国内外同期同类的水平,并保证系统在一个相当长时期不落后。

(6) 升级原则:系统易于维护,且有良好的售后技术支持和完善的服务体系。

7.1.2 系统运行软硬件平台

1. 系统运行硬件平台

系统运行需要一台工业控制机作为数据接收主站,接收地面分站或井下分站数据并向服务器传送数据。系统采用 PC 总线工业控制机,具体要求的配置如下:

CPU: PⅣ3.0

磁盘:160G 硬盘或 CF 卡

内存:1G 以上

网卡:10M~100M 自适应

接口:一并二串(含一 485 接口),一个 USB 接口

水文数据服务器采用惠普 380G5 服务器,它具有可以连续稳定运行、存储容量大、硬盘支持热插拔的特点。可以满足水文处理程序的正常运行和数据的处理,以及其它应用系统程序的运行,具体配置如下:

CPU:Intel_Xeon 2 核处理器

磁盘:146G×2 硬盘

内存:DDRⅡ 2G

网卡:10M ~ 100M 自适应

2. 系统运行软件平台

系统软件环境基于 Windows 98/2000/XP 操作系统,具有良好的可视化界面,便于操作和管理。系统配有报表生成和文字处理软件,最大程度上满足使用要求。

系统采用 MS SQL Server 2000 作为后台数据管理系统。MS SQL Server 2000 提供了很多工具,便于对数据进行分类和有效的管理。

7.1.3 系统结构

系统采用物理三层结构,分别称为数据采集层(各种监测分站)、数据处理层(实时监测主站)、水文数据库及网络发布层。图7-1为大平煤矿水情在线监测系统网络结构图。

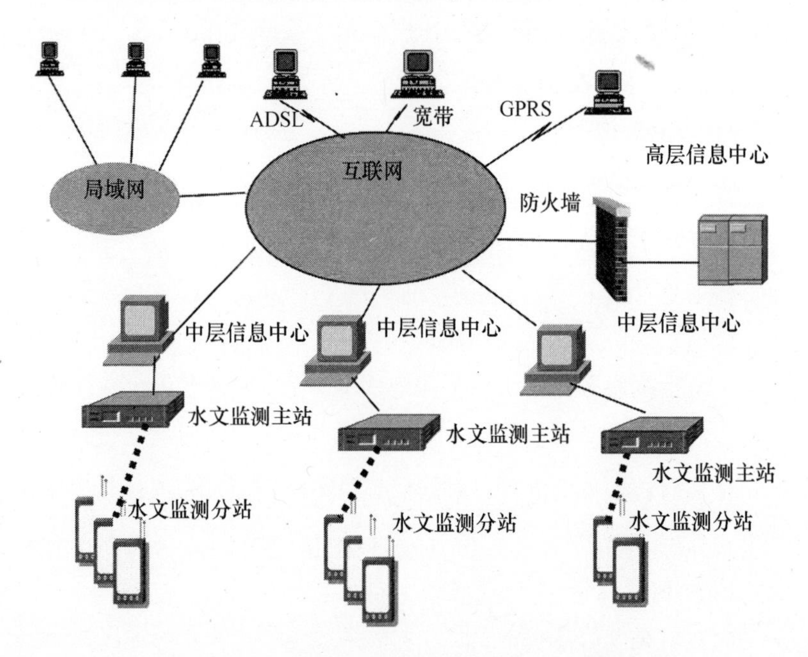

图7-1 大平煤矿水情在线监测系统网络结构图

7.1.4 系统主界面

打开浏览器,在地址栏输入煤矿矿井防治水预测预报系统 Web 服务器的 IP 地址,就可进入水文监测系统主页面,如图 7-2 所示。

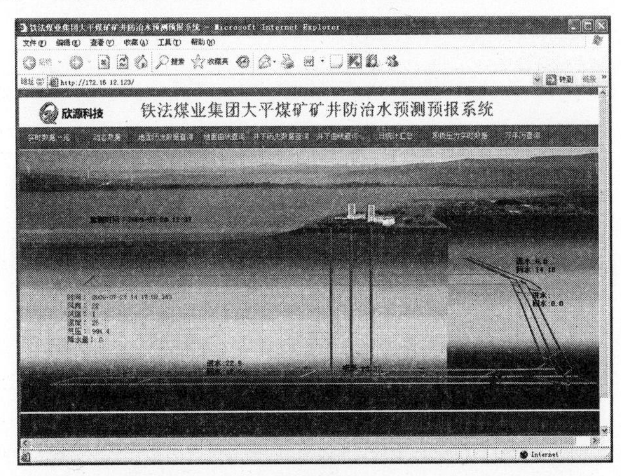

图 7-2　大平水情监测系统主页面

7.1.5 主要监测内容

水情在线自动监测系统由三台子水库水位变化监测、白垩系含水层在线自动监测和井下在线自动监测系统组成。

(1) 三台子水库水位变化监测。三台子水库水位变化监测分站主要是监测由于气象因素(降雨量和蒸发量)、地表下沉等因素引起的水库水位变化。监测设一个观测点,采用智能型水位传感器进行监测。

(2) 白垩系含水层在线自动监测。用深钻孔揭露白垩系上部风化带含水层、下部弱含水层,安设智能型水位传感器,观测水位含水层水位变化。

(3) 中央泵房排水量及水质水位监测。在中央泵房总排水管安设流量传感器,记录排水量。在水仓安设智能型水位传感器,监测水仓水位变化。

(4) 生产用水监测。在地面总入水管道和回采工作面回水管路设置流量传感器监测总入水量。

(5) 回采工作面涌水量监测。在工作面的运顺、回顺、集水井、排水管路等设置流量传感器,监测出自采煤工作面的水量。

(6) 仓入口明渠和南北入仓管路水量监测。井下在南北两翼入仓管路,安置流量传感器或设堰进行水量监测。

7.2 水质化验成果分析

各工作面开采之前、采掘过程中,均对库水、民用井水、深井(白垩系上部中强含水层水)、井筒水、井下工作面水定期取样进行水质化验。化验指标主要有钾(K^+)、钠(Na^+)、钙(Ca^{2+})、镁(Mg^{2+})、氯(Cl^-)、硫酸根(SO_4^{2-})、重碳酸根(HCO_3^-)、碳酸根(CO_3^-)、硝酸根(NO_3^-)、pH 值、总碱度、总硬度、耗氧量等。

7.2.1 各类水体水质指标

图 7-3 为 N1S1 工作面采动期间,地面水库水、居民饮水井水、深井白垩系风化带含水层水、井筒淋水、井下工作面涌水等水质化验结果。

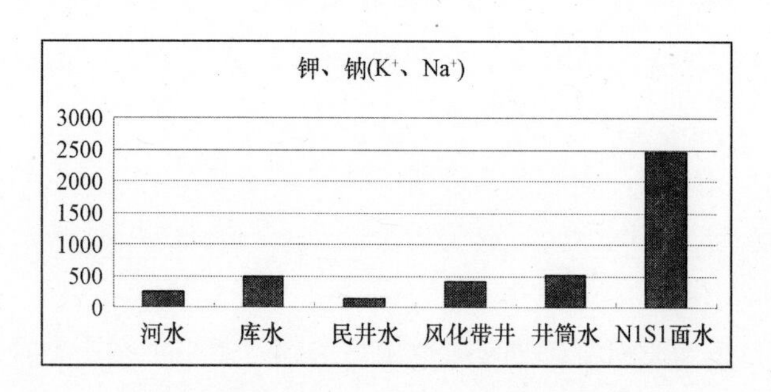

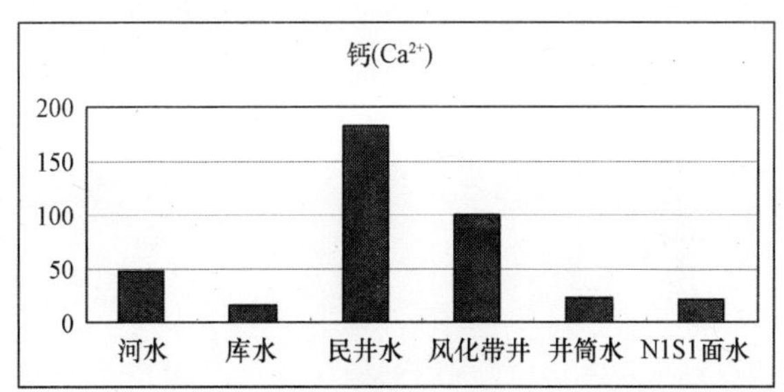
钙(Ca2+)
200
150
100
50
0
河水
库水
民井水
风化带井
井筒水
N1S1面水

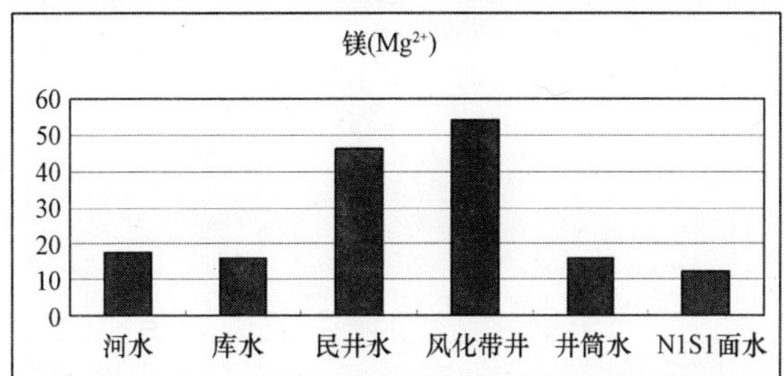
镁(Mg2+)
60
50
40
30
20
10
0
河水
库水
民井水
风化带井
井筒水
N1S1面水

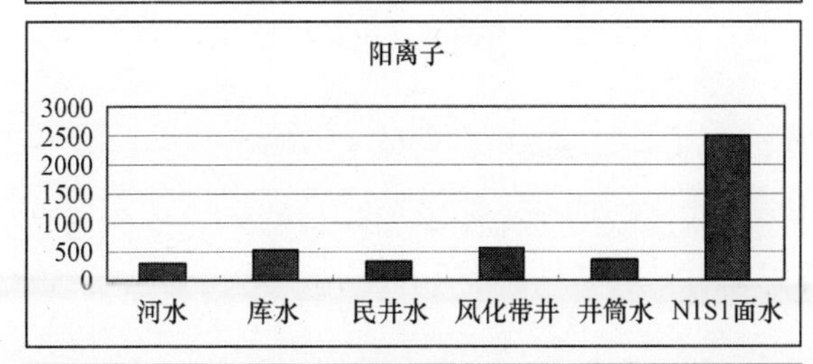
阳离子
3000
2500
2000
1500
1000
500
0
河水
库水
民井水
风化带井
井筒水
N1S1面水

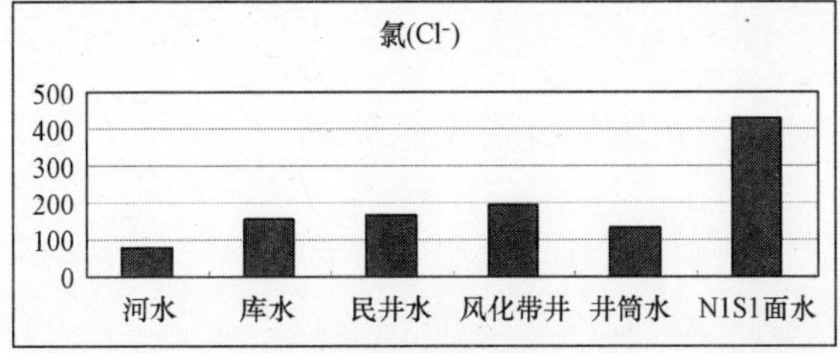
氯(Cl-)
500
400
300
200
100
0
河水
库水
民井水
风化带井
井筒水
N1S1面水

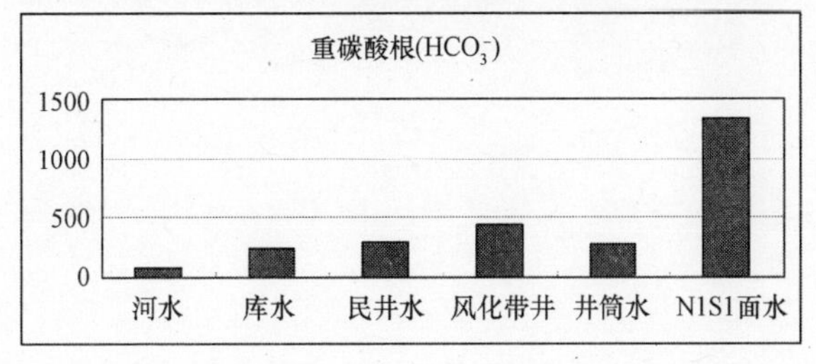
重碳酸根(HCO3-)
1500
1000
500
0
河水
库水
民井水
风化带井
井筒水
N1S1面水

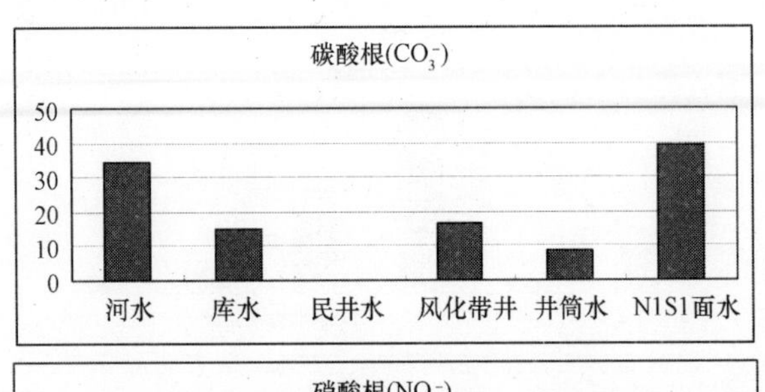

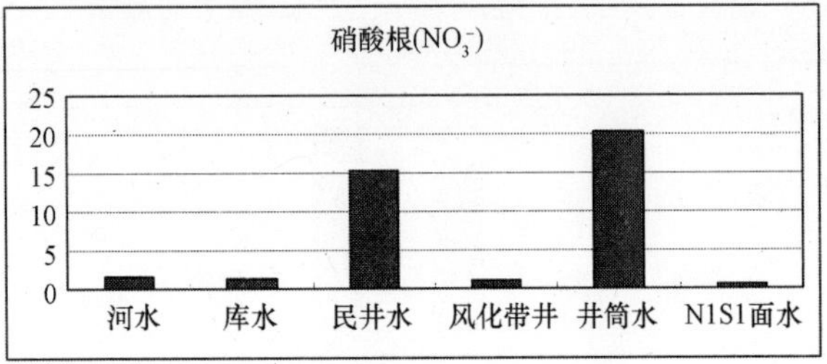

图7-3　各类水体水质化验结果

在工作面掘进和回采期间,水库水、第四系地层水、白垩系上部中强风化带水,各指标与工作面采掘前自然水质指标几乎一致。对比库水、井水与井下水的水质化验结果分析,地面库水、井水与井下水指标差异明显。

7.2.2　采掘工作面水水质指标分析

表7-1为N1S1工作面掘巷期间和回采期间井下水主要水质指标化验结果。

从表7-1中数据显示:相对于掘巷期间,回采期间工作面水的钾、钠(K^+、Na^+)减少6.7%,钙(Ca^{2+})增加26.8%,镁(Mg^{2+})增加4.0%,总碱度减少9%,总硬度增加16.0%。数据说明,回采工作面接受了上覆岩层含水的补给。

表 7-1　工作面掘巷期间和回采期间井下水水质指标化验结果对比

指标值	地表水体	掘巷期间指标	回采期间指标
钾、钠(K^+、Na^+)	258.00	2814.00	2521.00
钙(Ca^{2+})	107.00	22.76	28.87
镁(Mg^{2+})	26.73	11.30	11.79
铵(NH_4^+)	2.49	1.52	1.23
阳离子合计	395.00	2760.00	2563.00
氯(Cl^-)	139.15	582.74	543.91
硫酸根(SO_4^{2-})	176.83	77.27	46.94
重碳酸根(HCO_3^-)	263.30	1214.00	1587.00
碳酸根(CO_3^-)	7.72	131.71	24.54
硝酸根(NO_3^-)	10.45	6.37	0.11
亚硝酸根(NO_2^-)	0.18	0.21	0.08
阴离子合计	585.00	1803.00	2203.00
pH 值	6.95	8.325	7.766
总碱度	244	1475	1342
重碳酸盐碱度	251	1601	1587
碳酸盐碱度	7.72	97.27	73.62
氢氧化物碱度	0	0	0
总硬度(德国度示)	21.24	5.79	6.76
碳酸盐碱度	10.15	5.29	6.76
非碳酸盐碱度	11.09	0	0
游离二氧化碳	6.23	0	0
溶性二氧化硅	11.64	9.85	14.79
耗氧量	4.02	8.94	6.99

7.3　库水位变化分析

由于连年干旱，N1S1 工作面回采期间水库水域面积已大幅缩减，库容大大减小。2005 年 6 月 10 日实测，水库水域面积仅 $7.0km^2$，库容 450 万 m^3，平均水深 0.64m。

工作面平均日产 1.2 万 t，平均容重 $1.65t/m^3$，日采出体积约

7300m^3。地表沉陷率按0.63计，日沉陷4600m^3。工作面2005年4月1日正式回采。5月中旬地表开始显现下沉，6月16日观测地表最大下沉5500mm，接近充分采动。如不考虑大气降水、蒸发影响，水库水位将因地表沉陷坑蓄水而下降6.6mm/d，2个月下降396mm。

图7-4为2005年5月—11月水库水位变化曲线图。开采初期的2个月，库水水位基本维持在+80.1m左右，变化不大。6月15日开始，降雨增多，水位逐渐缓慢回升，至8月上旬升至+80.6m，2个月上升了500mm。8月12日、13日两场暴雨过后，库水水位迅速上涨1400m，水位迅速上涨至+82.0m。

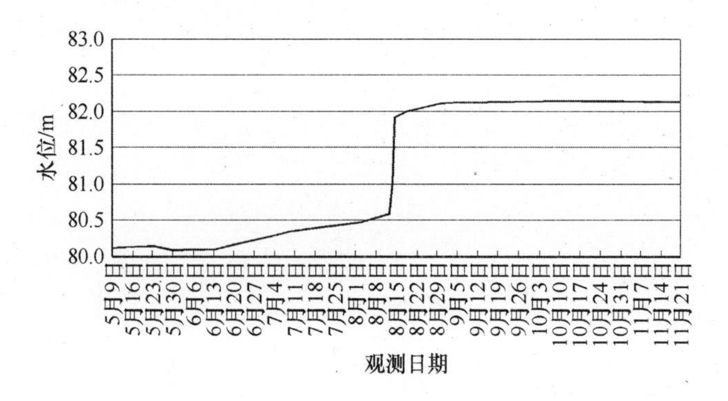

图7-4　2005年5月—11月水库水位变化曲线

多年观测数据表明，库水水位变化主要受大气降水影响。表7-2为2005年1月—12月康平地区降水量统计表。

表7-2　2005年1月—12月康平地区降水量统计表

月份	1	2	3	4	5	6
降水量/mm	10.1	5.4	20	57.7	82.4	92.2
月份	7	8	9	10	11	12
降水量/mm	192.7	211.2				

7.4　民用井水位变化分析

N1S1 工作面回采期间,对工作面附近居民饮水井水位变化进行了人工观测,图 7-5 为各观测井与工作面平面位置关系图。以位于工作面附近林家井、学校井观测数据为例分析。

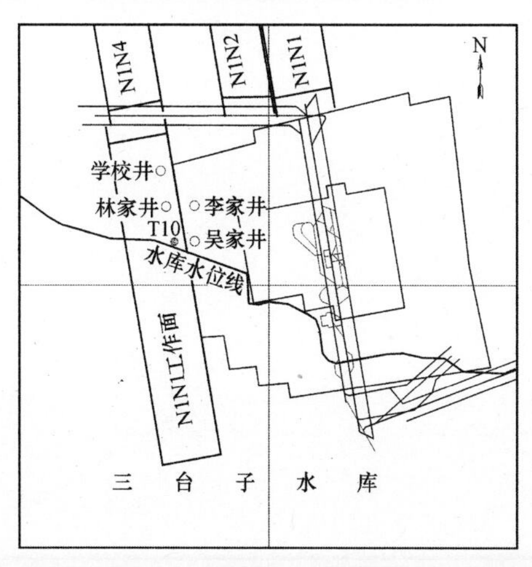

图 7-5　N1S1 工作面水文监测测点位置平面图

林家井和学校井均位于工作面运输巷内 20m 左右位置,距离工作面停采线距离分别为 247m、132m,两井间距 115m。观测方法是测量井中水位距离井口的距离,即水位深度。

林家井初次观测时间是 2006 年 2 月 12 日,工作面距离林家井 10m 位置,井中水位深度 6413mm,水位标高为 +85.1m。2006 年 5 月 24 日,工作面接近停采线位置,井口位于工作面后方 241m 时,井水深度为 5275mm,相对于初次观测时上升了 1138mm。

学校井初次观测时间是 2006 年 3 月 1 日,工作面距离学校井 72m 位置,井中水位深度 4490mm,水位标高为 +88.0m。2006 年 5 月 26 日,工作面推至停采线位置,井口位于工作面后方 132m 时,井水深度为3962mm，相对于初次观测时上升了528mm。

图7-6为林家井、学校井工作面试验期间相对井口水位变化曲线图。观测期间井口下沉可借鉴铁路T10测点的（位于工作面运输巷内20m左右）地表下沉量。

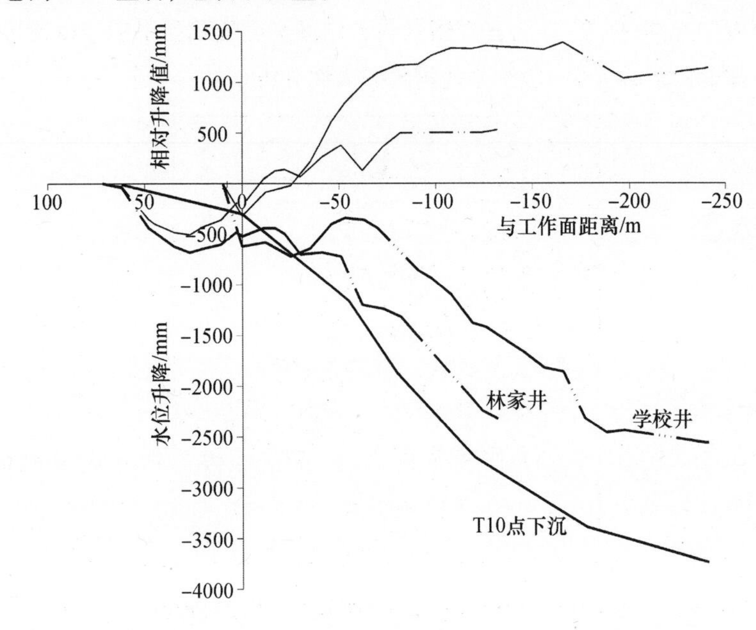

图7-6　林家井、学校井工作面试验期间相对井口水位变化曲线图

从观测结果看，在工作面接近或推过井口位置不久，地表沉陷初期，井水位深度有一小幅下降过程，井水位降深大于地表沉陷量。但随工作面继续推进，井口地表沉陷加大，井水深度逐渐攀升。待工作面推过约120m（T10点地表下沉2700mm）后水深逐渐稳定。

采动影响期间，井水位绝对标高会随地表沉陷导致的地形变化而变化（工作面推过241m，T10点地表下沉3740mm）。随时间推移，接受补给后，水位开始恢复，“水面”距地面距离缩小。林家井和学校井地势较高，初始水位+85.1m、+88.0m。若地势较低或地表下沉较大，“水面”将浮出井口。

7.5 白垩系含水层水位变化分析

7.5.1 监测钻孔布置及观测方法

白垩系含水层水位变化监测，旨在了解采动条件下地下水流动规律，分析掌握含水层采动程度、矿井涌水水源等情况。

监测采用在水文观测孔内安设智的能型水位传感器，自动采集含水层水位数据的方法。

在 N1S2 工作面的停采线外布设两组共 4 个水文观测钻孔。第一组 D1、D2 钻孔，孔深 210m，至白垩系下部含水段内，上封 110m。第二组 D3、D4 钻孔，孔深 110m，至白垩系上风化带含水段内，上封 40m。

D1、D3 孔位于工作面正前方，距工作面停采线距离分别为 102m、117m；D2、D4 孔位于工作面回风巷外侧 140m 左右，距工作面停采线距离分别为 377m、371m。

区域白垩系承压含水层水流方向为由西北向东南，在无外界条件影响的情况下，水流向为 D2 至 D1、D4 至 D3。图 7－7 为观测孔平面位置图。

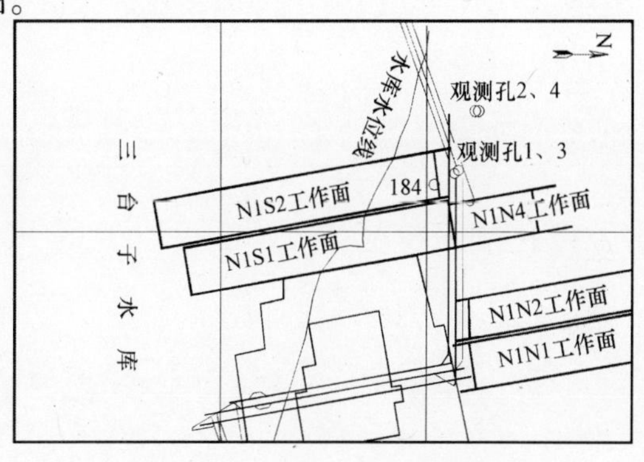

图 7－7 双测孔平面位置图

7.5.2 主要观测成果

N1S2 工作面2008 年11 月2 日正式回采。初期1、2、3、4 号孔稳定水位标高分别为 +60.50m、+55.00m、+78.00m、+79.20m。2010年4 月30 日,工作面推进1392m,回采结束。1、2、3 号孔水位标高分别下降至 +50.00m、+55.38m、+73.94m,较初始稳定水位分别下降了10.5m、-0.38m(负号为上升)、4.06m。4 号孔4 月20 日停采前,水位标高下降至 +71.25m,较初始稳定水位下降了7.95m。

工作面回采结束后,除1 号孔水位继续下降外,其余各孔水位均逐渐恢复。1 号孔水位在6 月5 日(工作面停采1.5 个月)降到最低点 +44.43m(累计下降了16.07m)后水位开始恢复。截止2010 年11 月30 日(停采后7 个月),除1 号孔外,其余各孔水位均恢复到或超过初始稳定水位。采动期间各孔水位变化主要数据见表7-3,变化情况如图7-8 所示。

表7-3 工作面采动期间水位变化主要数据

孔号	初始稳定水位/m	最低水位/m	最大水位降/m	恢复最高水位/m
1	+60.50	+44.43	16.07	+51.99
2	+55.00	+53.10	2.05	+53.78
3	+78.00	+73.39	4.46	+80.13
4	79.20	+71.25	7.91	+80.38
注:恢复最高水位即指工作面停采后7 个月,2010 年11 月30 日测井水位				

7.5.3 水位变化规律特征

从观测数据分析,水位变化规律特征如下:

(1) 上下不同含水段的1、2、3、4 号孔,平面位置不同,但在2009 年3 月20 日,工作面推进约500m(距观测孔800~1200m),水位同时出现下降。

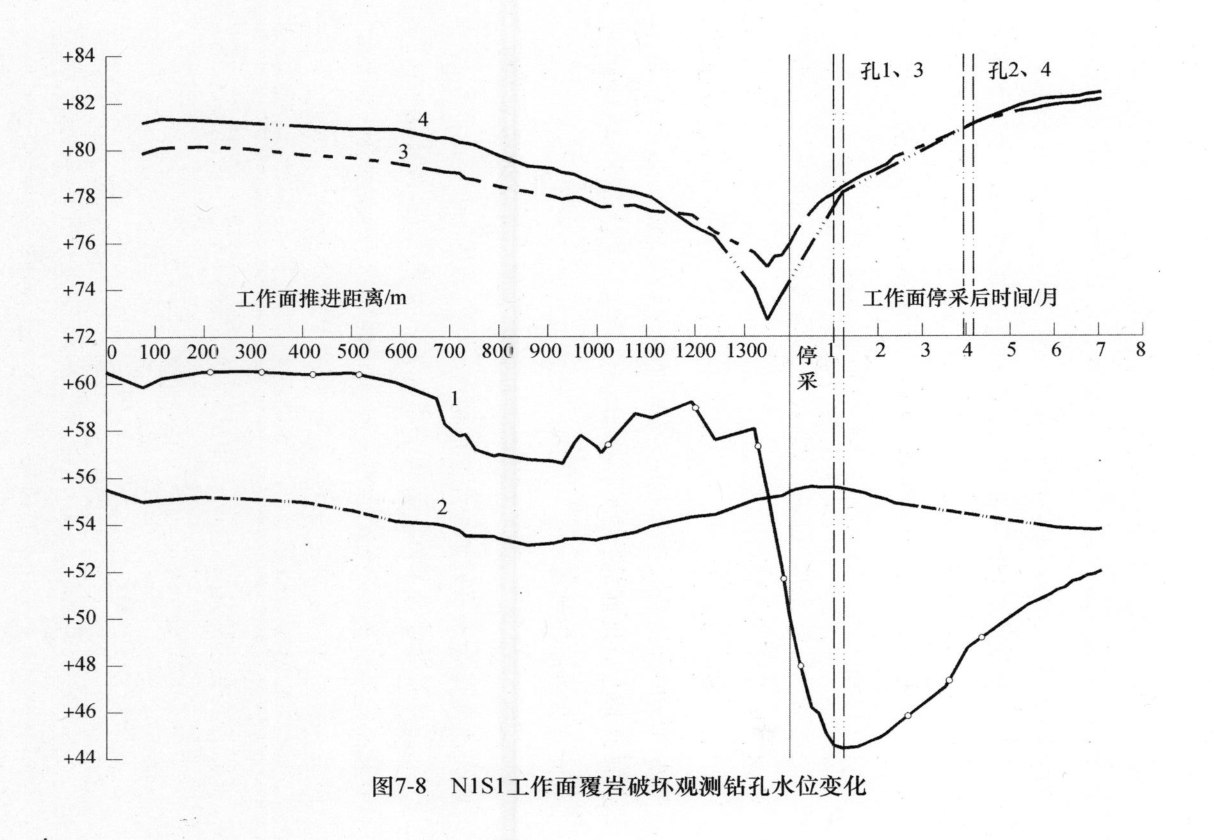

图7-8　N1S1工作面覆岩破坏观测钻孔水位变化

(2)上部含水段的3、4号孔水位几乎一直处于下降状态，直至工作面停采前的2010年4月15日，分别达到最低+73.39m和+71.25m，并由此开始恢复。期间，在2009年9月5日工作面推进859m前，两孔水位降深相差不大，其后距离工作面较远的4号孔水位下降明显加快，至工作面回采结束前两孔水位降深差达到最大3.55m。

(3) 下部含水段的1、2号孔，在2009年9、10月份，工作面推进850~900m，水位均阶段性触底反弹。其中：1号孔在2010年2月5日工作面推进1193m(距停采线199m)，水位摸高至+59.20m后，又重回下降趋势；而2号孔的水位升势则是一直持续至工作面停采。

导致含水层水位变化的因素众多，情况复杂。总体看，各孔观测数据反映了含水层采动情况。

(1) 根据覆岩破坏“三带”孔实测，N1S2工作面开采覆岩破坏导水裂缝带发育高度234.10m，顶界面深度159.88m。图7-9为结合附近184钻孔资料(上含水段深度77.25m，厚度62.34m)绘制的含水层采动状态模型。

由图7-9可见，下含水段含水层恰好完全处于导水裂缝带内，而上含水段含水层处于弯曲变形带内。

工作面推进约500m，导水裂缝带发育已充分，下含水段含水层水由采动裂隙导通，进入井下，形成沉降漏斗。工作面观测孔距离工作面800~1200m，进入含水层影响半径范围，观测到水位下降。

(2) 工作面推过约859m后，距离工作面较远的上含水段4号孔水位降幅，比较近的3号孔明显加大。距离4号孔5m的2号孔下含水段水位同期持续上升至工作面停采，与距离工作面较近的1号孔下含水段水位变化形态相佐。

这一异常现象的出现，或与其他水文、地质因素有关，或与2号孔在上含水段的封闭质量有关，2号孔上含水段漏水，局部出现上含水段向下含水段补给。

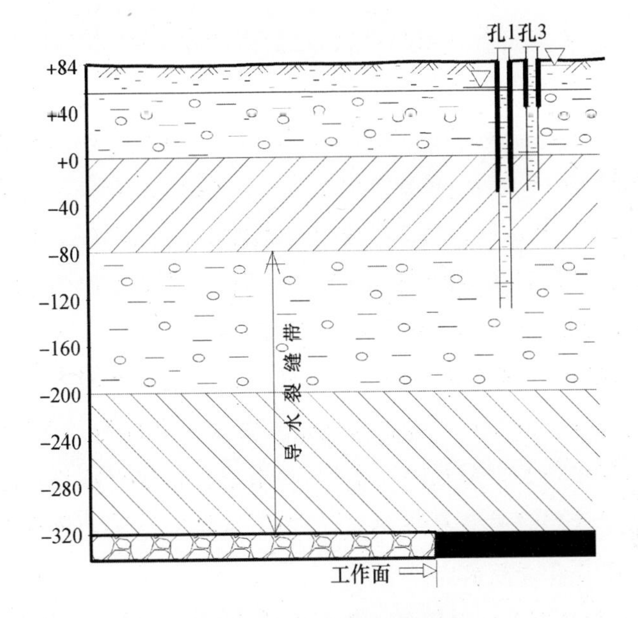

图7-9　含水层简化模型

7.6　采动含水层水位变化模拟

N1S2综放开采工作面回采期间,监测系统获得了对包括白垩系下部含水层在内的地下各水体水位变化的大量观测数据。如何根据岩层移动与矿山压力控制理论,利用地下水动力学基本原理,从丰富的监测数据中科学解译出井下采掘过程中承压含水层水位变化规律,对于科学建立水害威胁程度的判据、充实和完善大平煤矿水库下开采水文自动监测系统、发挥其安全保障作用具有重要意义。

7.6.1　含水层水位采动变化原因

1. 岩层采动裂隙导水影响

抽水井抽水对井水位影响研究已有100多年的历史。现有地下水动力学理论已经对完整井、非完整井,无越流、越流系统,各向均质、非均质等各类条件下承压含水层井流现象建立了解析模型,并广泛应用于地下水资源开发与评价、地面沉降变形、矿井(坑)涌水量预计及含水层疏干降压各种工程领域。

地下煤层采出后,采空区上覆岩层变形破坏自下而上发展。按其变形破坏程度、特征,依次形成垮落带、裂缝带、弯曲带三个不同的开采影响带。垮落带内垮落岩块间空隙发育,透气、导水、漏砂,裂缝带内岩层离层、裂缝发育,导水、透气。弯曲带内岩层以岩层组形式处于整体弯曲变形状态,不具导水透气性。

覆岩破坏“三带”划分对煤矿瓦斯、水等灾害防治具有重要的工程意义。采矿工程中,一般将垮落带与裂缝带合称为导水裂缝带。采掘时,如果垮落带触及到含水层,含水层将直接对矿井工作面充水;如果导水裂缝带波及到含水层,地下水将通过采动裂缝渗入井下,对矿井工作面充水。

导水裂缝带发育在采煤工作面上覆岩层中。随时间推移,采动裂隙压实闭合,工作面推过后,导水裂缝带也将逐渐随之消失。

煤矿井田内,采动覆岩导水裂隙带导水犹如一个随工作面移动的“大井”,以一定流量向采空区抽水。含水层水位变化符合地下水流动基本规律。

以承压水完整井(导水裂隙带达到或超过顶板隔水层;导水裂隙带进入底板隔水层,但未达到顶板隔水层,为非完整井)非稳定运动为例,采动裂隙导水引起的含水层水位变化即可用承压水非稳定井流 Theis 公式(7-1)描述:

$$s(r,t)=\frac{Q}{4\pi T}\ln\frac{2.25at}{r^2} \tag{7-1}$$

式中 $s(r,t)$——测井水位降深(m);

r——测井距抽水井距离(m);

t——抽水井抽水时间(d);

Q——抽水井流量(m^3/d);

T——含水层导水系数(m^2/d),$T = KM$;

M——含水层厚度(m);

K——含水层渗透系数(m/d);

a——含水层压力传导系数(d^{-1}),$a = K/\mu_s$;

μ_s——含水层的储水率(m^{-1})。

2. 岩层采动变形压力影响

近30年来,学者们对地下油气开采,以及地壳活动、潮汐引力等引起地应力变化对地下水位影响问题进行了广泛深入的研究,其丰硕成果成功应用于油气田开采、地震前兆预测等地质工程领域。

煤层采出后,承压在煤层上的顶板岩层悬空,部分重量传递到周围未直接采动的岩体上,使采空区围岩应力重新分布。采动岩体应力可用式(7-2)表示:

$$\sigma = \sigma_0 + \Delta\sigma \tag{7-2}$$

式中 σ——采动岩体应力;

σ_0——原始应力;

$\Delta\sigma$——采动变形压力(正值表示压力增加,负值表示卸压)。

采动变形压力 $\Delta\sigma$ 由岩石骨架和孔隙水共同承担。岩石骨架以弹性变形显现,孔隙水承压主要表现为水头高度变化。岩层采动压力对含水层水位的影响如图7-10所示。

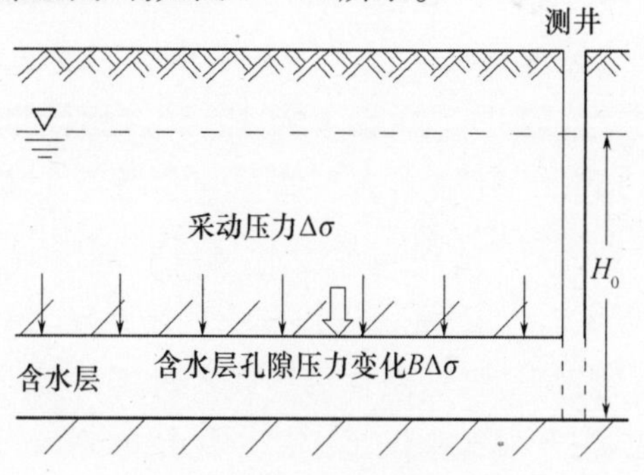

图7-10 岩层采动压力对含水层水位的影响

在不排水(即岩石封闭条件下变形破坏,无孔隙水流出)情况下,一维水平层状含水层压力变化与井水位降深关系式为

$$\Delta H = -\frac{n\beta}{\rho g(\alpha + n\beta)}\Delta\sigma \tag{7-3}$$

式中 ΔH——含水层水位降深(m);

ρ——含水层水密度(kg/m^3);

g——重力加速度(N/kg);

a——岩石骨架压缩系数;

β——水压缩系数;

n——岩石孔隙度。

式中负号表示:在采动压力增压区,含水层水位升高;卸压区,含水层水位下降。

岩石骨架和水的压缩性很小,式(7-3)简化为压力与水头高度变化关系式:

$$\Delta H = -\frac{1}{\rho g}\Delta\sigma \tag{7-4}$$

取水密度 $\rho = 1.0 \times 10^3 kg/m^3$,重力加速度 $g = 10N/kg$,由式(7-4)得 $\Delta H = -1.0 \times 10^{-4}\Delta P$,即压力每增减 1Pa,含水层水头高度变化 1mm。

以赋存平均深度 200m 承压含水层为例,取岩石密度 $\rho = 25kg/m^3$,完全自重应力场原岩垂直应力 5MPa。如果产生的采动变形压力为原岩应力的 1%,即 $\Delta\sigma = 50kPa$,则由此引发的承压水头高度变化量 ΔH 为 5m。

现有岩层移动与矿山压力理论中,基于控制围岩变形与破坏的技术要求,支撑压力区边界以原岩应力的 5% 界定。根据实测数据,在开采煤层深度水平,岩层支撑压力影响范围一般 30~40m,最大 80~100m。可见,从对含水层水位影响的角度分析,岩层采动变形压力影响范围,远大于一般采矿工程中的支撑压力区范围。

3. 水位效应影响

某一含水层抽水时,在没有发生水量交换的情况下(如上下两含水层间有较稳定的隔水层存在,两者无水力联系),非抽水含水层水位随抽水含水层水位下降而下降,地下水动力学中将这一现象称为水位影响效应。

矿井开采中,除垂直渗透补给因素外,导水裂缝带上方非直接充水含水层水位下降,除采动压力外,更多应解释为导水裂缝带内直接充水含水层的水位效应。

水位影响效应发生在抽水含水层抽水初期。随时间推移,当降深达到稳定或等幅下降时,非抽水含水层在外来水源的补给下(如侧向径流补给),水位很快又回到自然动态中,抽水不再对其它含水层的水位产生作用。水位影响效应下,非抽水含水层与抽水含水层水位降深的关系可近似表示为

$$s = \frac{\alpha}{\rho g(\alpha + n\beta)} \cdot \rho g h(1 - C_m)\left[\mathrm{erf}\left(\frac{R}{\omega}\right)\right]^2 \qquad (7-5)$$

其中

$$\omega = 2\sqrt{a(t - t_0)}$$

式中 s——非抽水含水层的水位降深(m);

h——抽水含水层的水位降深(m);

$1 - C_m$——含水层上覆岩层与下伏层的平均应力传递系数,假定垂直作用力在传递过程中不变,取1.0;

t——抽水持续时间(天);

t_0——抽水开始时间(天);

7.6.2 含水层水位采动变化数学模型

参照图7-9含水层简化模型,基本假设如下:

(1) 承压含水层是均质、各向同性、等厚且水平分布的弹性介

质,侧向无限延伸。

(2) 无垂向补给、排泄。

(3) 渗流满足达西定律。

(4) 导水裂缝带发育高度恰好达到含水层顶板,抽水井为完整井。

1. 工作面回采期间承压水位变化数学模型

回采期间,含水层水位降深由采动裂隙导水引起的降深和采动变形压力引起的降深叠加形成,用式(7-6)表示:

$$s(x)=s_d(x)+s_y(x) \tag{7-6}$$

式中 $s(x)$——x 位置含水层水位降深(m);

$s_d(x)$——x 位置裂隙导水引起的降深(m);

$s_y(x)$——x 位置变形压力引起的降深(m)。

1) 采动裂隙导水引起含水层水位降深

工作面回采过程中,导水裂缝带随工作面推进不断前移,其过程相当于一个与工作面推进同步移动的一定井径抽水井的抽水过程。工作面采止,抽水井停抽。

(1) 非稳定井流条件模型。基于非稳定井流条件,将承压含水层定流量完整井非稳定流泰斯公式近似式——雅可布公式(7-1)对距离进行积分,即可建立工作面推进过程中,观测井水位降深函数。

如图 7-11 所示,以观测井为坐标原点,工作面推进到影响半径 R 范围内任意 $x(x\leqslant R)$ 位置时观测井水位降深用式(7-7)表示(影响半径 R 范围外测井水位降深为零);

$$s_d(x)=\int_c^x \frac{Q}{4\pi T}\ln\frac{2.25at}{x^2}\mathrm{d}x \tag{7-7}$$

其中

$$T=KM;a=K/\mu_s$$

式中 x——工作面至观测井的距离(m);

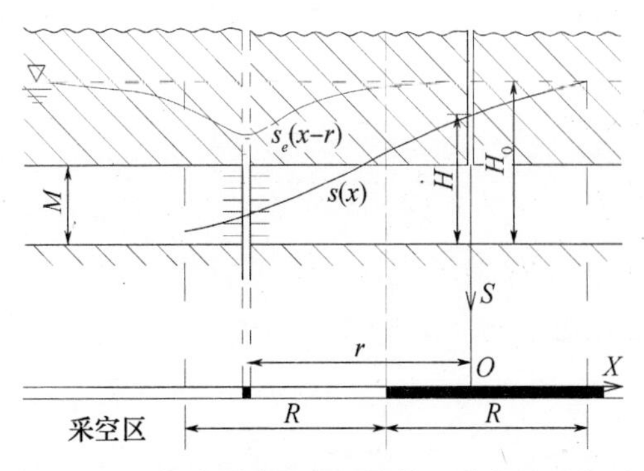

图 7-11　采动裂隙导水影响井-含水层系统图

c——测井距工作面停采线距离(m)；

t——工作面推进单位井径距离所需时间(天)。

(2) 稳定井流条件模型。基于稳定井流条件,将裘布依稳定承压井流的降落漏斗的方程式(7-7)进行积分,即可建立工作面推进过程中,观测井水位降深函数。

以观测井为坐标原点,工作面推进到影响半径 R 范围内任意 $x(x \leqslant R)$ 位置时观测井水位降深用式(7-8)表示(影响半径 R 范围外测井水位降深为零):

$$s_d(x) = \int_{-R}^{x} s_w \left(1 - \frac{\ln \frac{x}{r_w}}{\ln \frac{R}{r_w}} \right) \mathrm{d}x \tag{7-8}$$

式中　s_w——抽水井中的水头降深(m);

r_w——抽水井半径(m)。

2) 采动变形压力引起的含水层水位降深

采动压力 ΔP 引起的含水层降深为

$$s_y(x) = -\frac{1}{\rho g} P_c(x) \tag{7-9}$$

式中　$P_c(x)$——x 位置的采动应力(MPa)。

含水层采动变形压力可根据岩层变形量求得。假设岩层为弹性

变形，采动压力为

$$P_c(x)=E\varepsilon(x) \tag{7-10}$$

式中 E——承压含水层的弹性模量(MPa)；

$\varepsilon(x)$——x 位置含水层竖向压缩变形量(mm/m)。

根据5.5节，岩体内不同深度水平岩层移动可当作不同开采深度的地表移动问题处理。对倾向达到充分采动、走向半无限开采条件，走向主断面岩体内部 $A(x,z)$ 点沿 Z 方向垂直压缩变形量按式(7-11)计算：

$$\varepsilon(x)=\frac{2mq\cos\alpha\pi b_z x}{r_z^2}\mathrm{e}^{-\pi\frac{x^2}{r_z^2}} \tag{7-11}$$

其中

$$r_z=\left(\frac{H-z}{H}\right)^n r,b_z=\left(\frac{H-z}{H}\right)^{n-1}b$$

式中 r、r_z——地表和 z 水平主要影响半径(m)；

b、b_z——地表和 z 水平水平移动系数；

n——与岩性结构有关的参数；

m——煤层厚度(m)；

q——地表下沉系数；

α——煤层倾角；

H——地表到开采水平的距离(m)；

z——地表到预计水平距离(m)。

$$s_y(x)=\frac{2mq\cos\alpha\pi b_z}{\rho g r_z^2}Ex\mathrm{e}^{-\pi\frac{x^2}{r_z^2}} \tag{7-12}$$

按式(7-12)，弹性变形条件下，含水层采动应力分布如图7-12所示。

2. 工作面停采后承压水位变化数学模型

工作面停采后，含水层开始应力与水环境恢复。延续停采前导水裂隙影响水位下降的惯性，含水层首先卸压，水位继续下降。随采

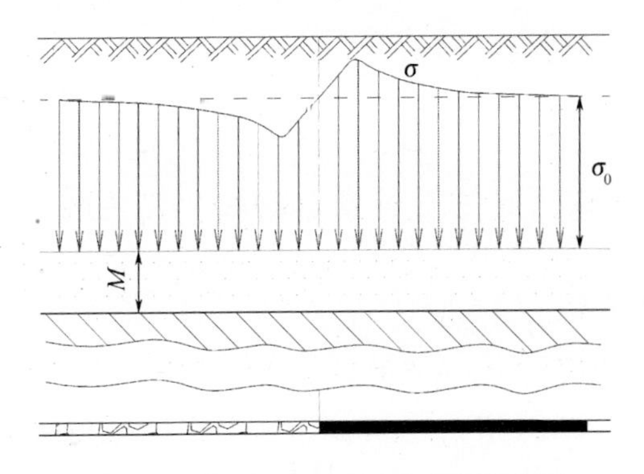

图 7-12　弹性覆岩层采动应力分布图

动压力逐渐减小，承压水位达到最大降深。随后，含水层水位开始缓慢恢复，直至初始水位。

1）压力恢复水位变化函数

基于前述岩层弹性变形假设，停采后卸压过程承压含水层水位降深计算，只需将式（7-12）中距离函数，按

$$x = -C \pm kvt$$

转化成时间函数即可：

$$s(t) = \frac{2mq\cos\alpha\pi b_z}{\rho g r_z^2} E(-C \pm kvt) \mathrm{e}^{-\pi\frac{(-C \pm kvt)^2}{r_z^2}} \tag{7-13}$$

式中　t——停采后时间（天）；

$s(t)$——停采后 t 时刻承压含水层水位降深（m）；

C——停采线距测井距离（m）；

k——卸压速度调节系数；

v——工作面平均推进速度（m/d）。

2）抽水恢复水位变化函数

根据地下水动力学水位恢复原理，停止抽水后，井水位可按式（7-14）计算：

$$s(t) = 0.183\frac{Q}{T}\lg\frac{t_p + t}{t} \tag{7-14}$$

式中　t_p——抽水持续时间(天)；

t——水位恢复延续时间(天)。

7.6.3 含水层水位变化计算参数含义及选取

1. 井流量 *Q*

井流量为采动含水层水通过导水裂缝带进入井下工作面的水量。大平煤矿水文地质条件，即相当于开采工作面涌水量。

N1S2 工作面回采期间，工作面实际涌水量 0.4 ~ 1.2m^3/h。计算中取 $Q = 15\ m^3/d$。

2. 影响半径 *R*

按式(7－15)计算：

$$\lg R = \frac{s_1 \lg r_2 - s_2 \lg r_1}{s_1 - s_2} \tag{7-15}$$

式中　R——抽水井影响半径(m)；

s_1、s_2——1 孔和 2 孔中的水位降深(m)；

r_1、r_2——1 孔和 2 孔距抽水井的距离(m)。

为减少采动压力等其他因素影响，选择 2009 年 2 月 20 日—6 月 25 日实测数据计算影响半径，去掉最大值和最小值后，取算数平均值 $R = 1002$m，见表 7－4。

表 7－4　影响半径计算　(单位：m)

观测日期	工作面推进距离	1 井水位	2 井水位	影响半径
2009.2.20	292	60.53	55.1	1219
2009.3.20	406	60.39	54.95	1028
2009.4.20	500	60.45	54.6	979
2009.5.20	592	60.02	54.13	782
2009.6.20	673	59.34	54.01	293
2009.6.25	689	58.29	53.95	2152

3. 单位井径距离推进时间 t

计算中 t 取 1.5 天。工作面实际平均推进度 3m/d，换算成抽水井直径为 4.5m。N1S2 工作面回采过程中，采动裂隙导水形成的工作面涌水，即相当于一个井径 4.5m 抽水井以 $15m^3/d$ 流量向采空区抽水。

4. 岩性结构参数 n

由地表移动变形参数计算岩体内移动变形时取用的参数。该参数反映的是不同岩性结构岩体内 Z 水平采动应力分布特征。n 与工作面采动变形压力（或含水层含水降深）分布关系如图 7-13 所示。计算中 n 取 -0.75。

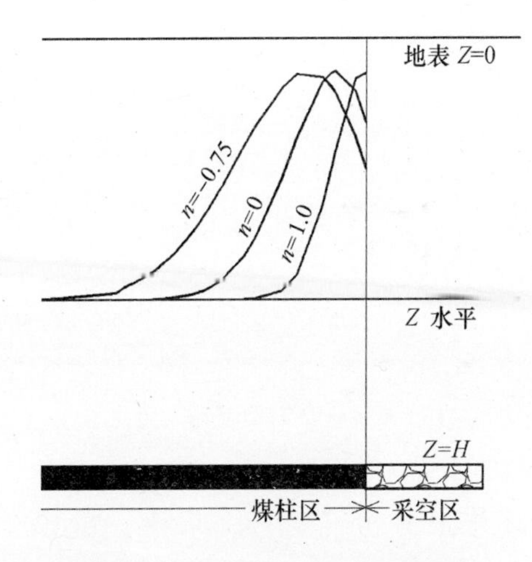

图 7-13　n 值变化与水位降深关系

5. 其他主要参数

计算中含水层主要参数：弹性模量 $E = 1.075 \times 10^5$ MPa、储水率 $\mu_s = 0.25m^{-1}$、渗透系数 $K = 4.5$ m/d。

7.6.4　模拟方法与过程

模拟采用 Origin 软件。打开 Origin，在 Worksheet 的 A(X) 和 B

(Y)栏分别输入抽水井位置坐标和观测井水位。选择 Analysis Non - linear Curve Fit…,打开 NLSF 窗口,选 Function→New,输入井流数学模型拟合函数,界面如图 7 - 14 所示。单击 Save 保存该函数,选择 Action→Fit 进行拟合。

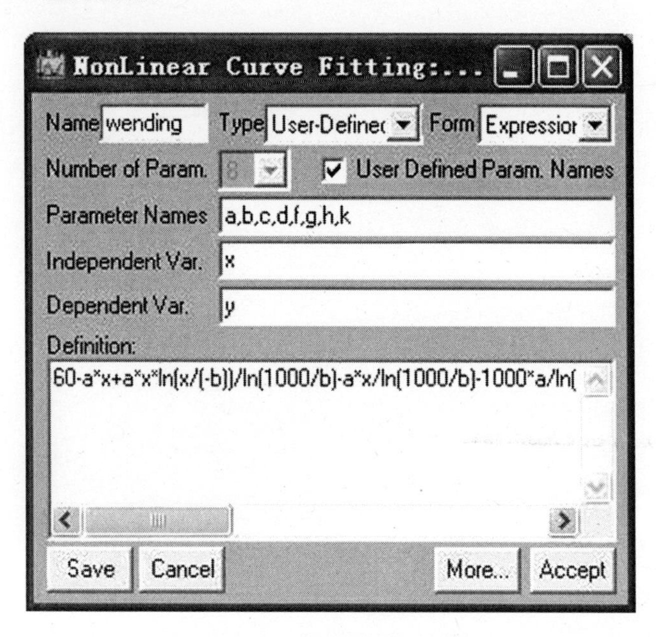

图 7 - 14　数学模型输入界面

7.6.5　模拟结果及分析

根据 7.5 节分析,选择代表性较强的白垩系下段含水层 1 号测井为模拟对象。模拟内容为工作面回采期间及停采后采动压力恢复期间的含水层水位变化。

经初步模拟:稳定井流数学模型拟合相关系数为 0.61,非稳定井流数学模型拟合相关系数为 0.71,模拟结果如图 7 - 15 所示,非稳定流模型更为理想。确定选用非稳定井流数学模型。

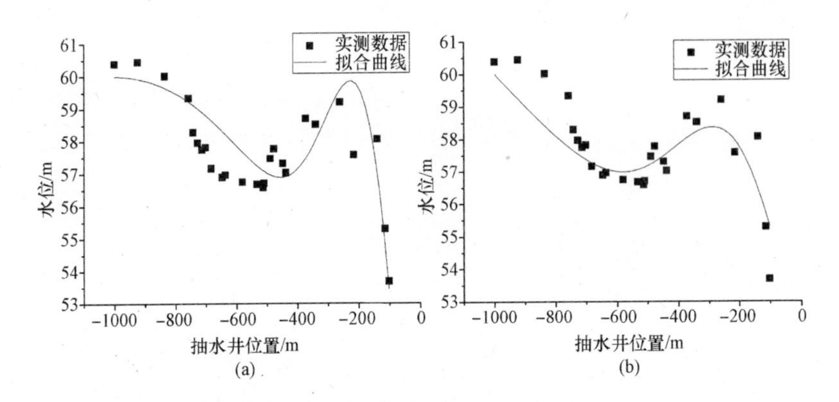

图 7－15　不同运动模型水位变化拟合结果

(a)稳定流；(b)非稳定流。

经模拟计算得出大平煤矿 N1S2 工作面回采期间白垩系下部承压含水层水位变化曲线，如图 7－16 所示。主要规律特征如下：

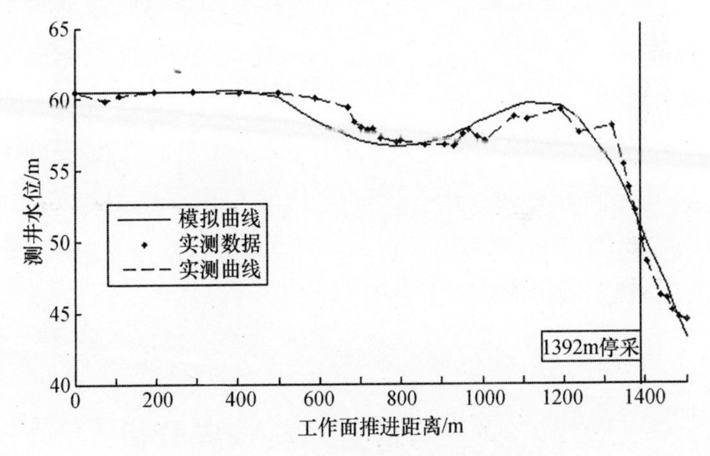

图 7－16　1 号孔水位变化模拟曲线

(1) 含水层采动水位变化曲线 $S(L)$ 为 $S_d(L)$ 与 $S_y(L)$ 两曲线的叠加。工作面推进约 500m(观测井距工作面 1016m)进入抽水影响半径范围，超前支撑压力影响尚未显现，测井水位开始小幅下降。

随工作面推进，支撑压力开始显现并逐渐增大，采动压力引起的水位升幅加大,含水层水位下降逐渐趋缓。工作面推进至954m(距测井距离540m)时,变形压力引起的水位降深增加值与导水裂隙向采空区泄水引起的水位降深增加值正负抵消,测井水位触底回升。

工作面推进1193m,测井(距离工作面199m)含水层支撑压力达到峰130.0kPa,水位摸高至最高+59.20m后,又重回下降趋势。

至工作面推进1392m停采时,导水裂缝导水引起的水位下降达到最大16.35m,采动压力引起的水位升幅由高点回落至7.10m,模拟停采水位+50.25m,与实测测井水位+50.00m相差0.25m。

(2)工作面停采,采动裂隙导水逐渐停止,但采动压力仍持续下降,测井水位又经历一段时间的下降过程。

模拟取工作面平均推进度$v=3m/d$、卸压调节系数$K=1$,残余采动压力7.10kPa于6月2日基本卸载完毕,用时33天(相当于工作面推进99m),测井水位降至最低+43.21m,与停采水位+50.25m下降7.04m。

工作面4月30日停采至6月5日水位恢复期间,实测测井水位由+50.00m降至+44.43m,下降5.57m。模拟水位降深大于实测水位降深,意味着采动裂隙导水并未达到"工作面停采,抽水井停抽"的模型理想假设状态。导水裂隙是在采后约33天(即可理解为裂缝带发育达到充分后,工作面推进99m)才压实不导水的。

7.7 矿井涌水量及其构成分析

7.7.1 N1S1工作面开采矿井涌水量

表7-5为2005年矿井工作面涌水量统计表。2005年,矿井涌水量为9.66~14.32m^3/h,平均值为11.67m^3/h。其中,2005年4月—10月,工作面涌水量为6.18~10.08m^3/h,平均值为7.17m^3/h。

表 7-5　2005 年矿井工作面涌水量统计表

时间	中央泵房统计排水量		水文观测站观测矿井涌水量			
	月排量/m^3	小时排量 /(m^3/h)	矿井涌水量 /(m^3/h)	N1S1 综放工作面涌水量		
				生产用水 /(m^3/h)	运顺 /(m^3/h)	回顺 /(m^3/h)
1	10856.16	14.59	10.27			
2	10332.00	14.84	9.79			
3	6959.20	9.34	9.87			
4	7686.00	10.68	9.74	4.34	1.35	1.29
5	7880.04	10.59	10.86	5.11	0.44	0.98
6	10100.16	14.03	12.00	5.15	0.31	1.13
7	7539.84	10.43	14.04	5.52	0.31	1.04
8	11549.60	15.52	14.32	8.79	0.46	1.55
9	9702.00	13.48	14.32	6.03	0.20	0.78
10	8316.00	11.18	12.61	5.20	0.06	0.92
11	9828.00	13.65	12.55			
12	9218.16	12.80	9.66			
合计	109967.16	151.13	140.03			
平均	9163.93	12.59	11.67	5.73	0.45	1.10

矿井涌水量中,58%为工作面涌水量,掘进工作面涌水、井筒出水等其他水涌水占 42%。工作面涌水量中,79%来自生产用水,21%来自采动煤岩。

图 7-17 为矿井工作面涌水量构成图。矿井、工作面涌水量具有如下特点。

(1) 同 N1N2、N1N4 和 N1N1 综放面开采比较,矿井及工作面涌水量均有所增加。主要原因在于采动范围扩大,以及井田南部侏罗系地层含水增大。

(2) 除 8 月工作面因开机率增加 28%(当月进度 115m,其他 6

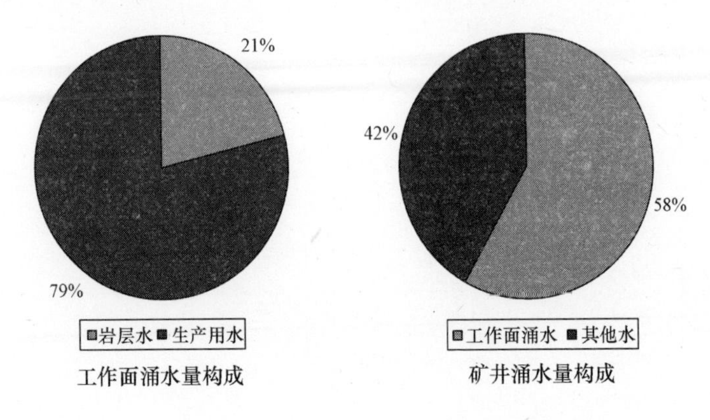

图 7－17 矿井工作面涌水量构成图

个月平均月进度 83m，增加 39%）使生产用水增加（68%）导致涌水量出现较大波动外，其余各月稳定在 6.18～7.01m^3/h。

（3）采动煤岩涌水量很小，只有 1.55m^3/h。其中，从回顺涌出 1.10m^3/h，从运顺涌出 0.45m^3/h。除开采首月外，回顺量均大于运顺量，相差 2～3 倍。

（4）大气降水通过井筒进入井下，影响矿井涌水量。7 月—8 月雨季时，矿井涌水量增加。

（5）工作面 4 月—10 月累计采出煤量 212.2 万 t，工组面运回顺总计涌水量 6214.9m^3，工作面吨煤含水系数 0.003。

7.7.2 近年矿井工作面涌水量统计

数据显示：采煤工作面涌水量 0.4～2.64m^3/h。掘进工作面涌水、井筒出水等其它水涌水量 3～5m^3/h，矿井涌水量3.4～7.6m^3/h。

N1S1、S2S2、S2N1、N1S2 面开采矿井工作面涌水量与矿井排水量统计结果见表 7－6。

工作面开采初期涌水量较大，后期逐渐减小。主要是地层中顶板岩层含水性弱，渗透性差，逐渐被疏干所致。

表7-6 大平煤矿各试采面矿井排水量与工作面涌水量表

工作面	矿井排水量/(m^3/h)		工作面涌水/(m^3/h)	
	最大~最小	平均	最大~最小	平均
N1S1	15.52~10.43	12.27	2.64~0.98	1.55
S2S2	33.3~14.3	23.0	1.5~0.4	1.0
S2N1	30.0~40.0	34.68	1.2~0.4	0.82
N1S2	29.5~45.0	36.50	1.5~0.8	0.92

矿井排水量 N1S1→S2S2→S2N1→N1S2 逐渐增加，主要是矿井采掘工程活动逐渐增多，生产用水加大。尤其是后期工作面更换了大功率运输机，开机率提高，冷却用水增加。

7.8 水文监测实现水害预警前景

采动裂隙是矿井涌水、甚至突水的主要通道之一。国内外在水库、海洋、湖泊等地面大型水体下采煤时，为防止危险水体经采动裂隙进入井下，造成矿井突水，均采用留设防水煤岩柱方法隔离水体。

防水煤岩柱留设前提是确定导水裂缝带高度。覆岩破坏导水裂隙带发育高度常用钻孔冲洗液漏失量法直接确定，并通常以与采高的倍数关系来表述。

根据16个覆岩破坏钻孔实测，大平煤矿覆岩破坏导水裂缝带高度与采高比为16~20倍。导水裂缝带发育高度受覆岩岩性结构、煤层采厚、断层、开采性质、工作面推进速度等多种地质采矿因素影响。回采过程中难免突遇未曾预知或不曾掌握的断层破碎带、煤层变厚或过度放顶煤等复杂情况，造成相应时段或区段导水裂缝带高度大增。

按大平煤矿实测导水裂缝带高度发育规律，如采高增加3m，导水裂缝带将增加48~60m，相应的防水煤岩柱厚度、保护层厚度就减少48～60m。其结果是：增大库水危险度，甚至可能出现因保护层厚度不足而致使库水溃入井下，发生突水灾害。

钻孔冲洗液漏失量法只能定时、定点观测覆岩破坏导水裂缝带发育高度，不能做到实时连续监测，难以及时发现或预报类似上述隐患及其可能造成的危害。

水文监测系统是对不同深度水平含水层水位进行实时、连续的监测，直接反映的是哪一深度水平含水层水正在或已经由采动裂隙（以及断层、井巷工程、钻孔等其他水力通道），进入井下，构成矿井涌水。不同深度水平含水层水经采动裂隙（或其他水力通道）进入井下，预示库水对井下安全威胁程度的不同。

充分发挥与挖掘水文监测系统的作用与功能，实时、连续监测不同深度水平含水层水位变化，及时发现和预报库下开采复杂采矿地质安全隐患和库水危险程度，有助于为矿井库下采煤水害预警提供一条新的技术途径。

第8章　安全开采技术措施

对大平煤矿煤层开采水文地质条件下，库水若涌入井下，主要有岩层采动裂隙、断层裂隙带和封闭不良钻孔这三条通道。因此，矿井生产过程中，只要采取留设安全防水煤岩柱、封闭钻孔等措施，有效地隔绝水源、阻截水路，就可避免因库水涌入井下而引发的矿井突水灾害。

8.1　防水安全煤岩柱可靠性

煤层采出后，上覆岩层中自下而上形成垮落带、断裂带和弯曲带。垮落带内岩块呈无序堆积状态，空隙发育，透气、导水、漏砂。断裂带内下部岩层层间离层开裂明显，垂直或倾斜裂缝发育，导水透气顺畅；上部岩层层间离层开裂渐轻，断裂裂缝趋少，但仍具导水透气性。弯曲带岩层以岩层组的形式处于整体弯曲变形状态，岩层组中有垂直层面的裂缝和顺层面的开裂，但离层是闭合的，垂直裂缝相互独立，互不连通，不具导水透气性。

垮落带、断裂带岩层因导水而合称为导水裂缝带。水体下采煤时，如果上覆岩层中导水裂缝带波及到水体，水体将通过采动裂隙间接对矿井充水。如果水体为江、河、湖、水库等地面大型水体，或将引发严重的矿井突水灾害。

留设顶板防水煤岩柱，通过限定煤层开采上限或煤层采出厚度，控制覆岩破坏导水裂缝带发展高度，使其不触及水体，是国内外水体下采煤、防治突水灾害一贯采取的技术措施。

8.1.1 国内外关于防水煤岩柱的有关规定

1. 国外关于防水煤岩柱的有关规定

英国是较早规范海下采煤技术的国家。英国矿业局在 1968 年就颁布了海下采煤相关条例,对覆岩岩性组成、厚度、煤层采厚以及采煤方法等作了相应的具体规定。如浅部开采时,规定采用房柱法或条带法开采;深部开采时,规定采用长壁法开采,上覆岩层最小厚度为 105m,允许煤层最大采厚为 1.7m(即相当于 $H/M>60$)。

苏联于 1973 年出版了确定采动覆岩导水裂缝带高度的方法指南,1981 年颁布了有关水体下开采的相关规程。规定在第四系黏土层隔水层厚度大于 2 倍采厚情况下,防水煤(岩)柱高度取 20 ~ 40 倍采厚;否则,根据覆岩中不同性质的岩层所占比例大小,防水煤(岩)柱高度最大取 75 倍采厚,见表 8 - 1。

表 8 - 1 苏联水库下采煤安全深度的规定

采高	泥岩、淤泥、黏土层占覆岩厚度的百分比/%									
	0 ~ 20		21 ~ 40		41 ~ 60		61 ~ 80		81 ~ 100	
	采深/m	深/高	采深/m	深/高	采深/m	深/高	采深/m	深/高	采深/m	深/高
1.0	60	60	50	55	50	50	45	47	40	40
1.5	90	60	80	53	75	50	70	45	60	40
2.0	115	58	105	52	95	48	85	43	80	40
2.5	125	50	115	46	105	42	95	38	85	34
3.0	140	47	130	43	115	38	105	35	90	30
3.5	150	43	140	40	125	36	110	31	95	27
4.0	160	40	150	38	135	24	120	30	105	26

日本曾有 11 个矿井进行过海下采煤,海下采煤水患防治措施十分严密。针对海下采煤,按冲积层岩土组成与赋存厚度,安全规程中作出了明确的允许与禁止开采的规定。一般规定从海底至开采煤层

留设100m作为防水煤柱不予开采,并在浅部用风力充填。

加拿大保安规程规定,当深厚比 $H/M>100$ 时,允许用长壁冒落法开采海下压煤;当深厚比 $H/M<100$ 时,只允许用房柱法开采。巷道距海底不得小于55m。

对于安全开采深度,澳大利亚、加拿大规定地表水体下安全采深分别为采厚的60倍和100倍。美国则规定地表大型水体下安全采深为采厚的60倍,见表8-2。

表8-2 国外水体下采煤煤柱尺寸的规定或生产实例

国别	矿别	长壁法采煤法防水煤岩柱厚度
英国	全国	105m(采厚1.7m)
日本	崎户煤矿	80~100m
	伊王岛煤矿	200~300m
加拿大	全国	100倍采厚
	格林煤矿	213m
澳大利亚	全国	60倍采厚
苏联	全国	20~75倍采厚

具有隔水性,岩层才能起到防水作用。如果隔水岩层采动变形达到或超过其极限变形值,发生采动破裂,将失去隔水性。国外进行水体下采煤时,常用水体下隔水岩层最大变形值是否大于其允许的极限变形值来衡量其隔水能力,见表8-3。

表8-3 国外水体下采煤的隔水岩层允许极限变形值

国别	英国	加拿大	智利	日本	美国
极限变形值/%	1	0.6	0.5	0.8	0.875

国外关于防水煤岩柱的有关规定,多源于水体下采煤成功实例。因受煤层赋存条件限制,开采深度、开采厚度均较小。

2. 我国对留设防水煤(岩)柱的有关规定

我国煤炭资源储量丰富、开采地质条件复杂。从20世纪50年代起,我国开始在各类水体下采煤覆岩破坏等相关领域的试验研究。经过大量水体采煤实践,水体下采煤规模由小到大,开采条件由简单到复杂,现已形成一套符合我国煤矿实际的理论和安全开采技术措施。

国家现行《建筑物、水体、铁路及主要井巷煤柱留设与压煤开采规程》,针对不同类型覆岩结构、水体及采煤方法等条件,须留设的安全煤(岩)柱类型、厚度等作了相应的技术规定,并给出了指导水体下安全采煤的单一煤层长壁开采以及特厚煤层普通分层开采的覆岩冒落带、导水裂缝带的计算公式。

对于采动等级为Ⅰ级的水体,如底界面下无稳定的粘性土隔水层的各类地表水体,不允许导水裂缝带波及到水体,要求留设防水安全煤岩柱,如图8-1所示。

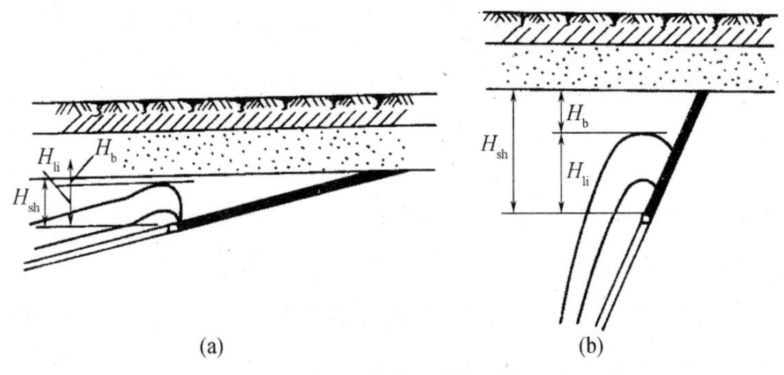

图8-1 防水安全煤(岩)柱

(a)缓倾斜煤层;(b)急倾斜煤层。

防水安全煤岩柱垂高应大于或等于导水裂缝带的最大高度加上保护层厚度,即

$$H_{sh} \geqslant H_{li} + H_b$$

式中 H_{sh}——导水裂缝带高度,按表8-4中经验公式计算;

H_b——保护层厚度,按表8-5选取。

表 8－4 厚煤层分层开采的导水裂缝带高度计算公式

覆岩岩性	经验公式之一	经验公式之二
坚硬	$H_{li}=\dfrac{100\sum M}{1.2\sum M+2.0}\pm 8.9$	$H_{li}=30\sqrt{\sum M}+10$
中硬	$H_{li}=\dfrac{100\sum M}{1.6\sum M+3.6}\pm 5.6$	$H_{li}=20\sqrt{\sum M}+10$
软弱	$H_{li}=\dfrac{100\sum M}{3.1\sum M+5.0}\pm 4.0$	$H_{li}=10\sqrt{\sum M}+5$
极软弱	$H_{li}=\dfrac{100\sum M}{5.0\sum M+8.0}\pm 3.0$	
注：$\sum M$—累计采厚；公式适用范围：单层采厚 1～3m，累计采厚不超过 15m		

表 8－5 防水安全煤(岩)柱保护层厚度
(不适用于综放开采)(单位：m)

覆岩岩性	松散层底部黏性土层厚度大于累计采厚	松散层底部黏性土层厚度小于累计采厚	松散层厚度小于累计采厚	松散层底部无黏性土层
坚硬	$4A$	$5A$	$6A$	$7A$
中硬	$3A$	$4A$	$5A$	$6A$
软弱	$2A$	$3A$	$4A$	$5A$
极软弱	$2A$	$2A$	$3A$	$4A$
注：$A=\sum M/n$，n 为分层层数				

如果煤系地层无松散层覆盖和采深较小，则应考虑地表裂缝深度。此时，防水安全煤岩柱垂高(H_{sh})应大于导水裂缝鞍带的最大高度(H_{li})加上保护层厚度和地裂缝深度(H_{bili})，如图 5－13 所示，即

$$H_{sh}\geqslant H_{li}+H_{b}+H_{bili}$$

如果松散含水层为强或中等含水层，且直接与基岩接触，而基岩风化带亦含水，则应考虑基岩风化带深度(H_{fe})，如图 8－2 所示，即

$$H_{sh}\geqslant H_{li}+H_{b}+H_{fe}$$

我国水体下采煤的相关技术规定，建立在各类地质采矿条件下

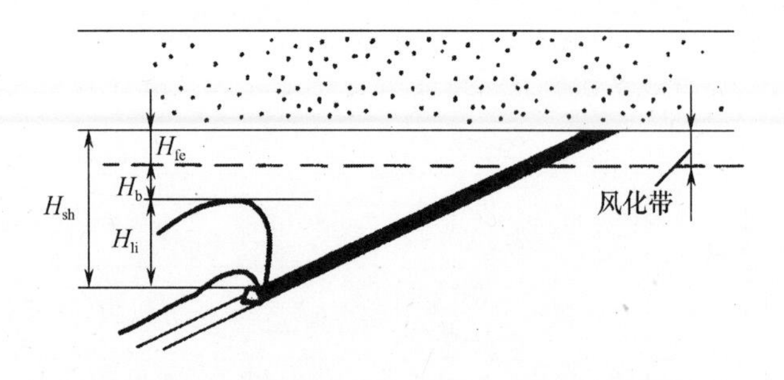

图 8－2　基岩风化带含水时防水安全煤岩柱设计

大量的水体下采煤实践和覆岩破坏研究成果基础上。规定留设的防水安全煤(岩)柱由导水裂缝带岩层加上保护层岩层两部分组成,符合覆岩破坏规律,但导水裂缝带高度计算和保护层厚度选取方法仅限适用于单一煤层长壁开采以及厚及特厚煤层普通分层开采。

8.1.2　三台子水库下采煤防水煤岩柱问题

三台子水库下煤层厚度一般 10 ~ 15m,煤层埋深 350 ~ 750m,采用综合机械化放顶煤一次采全高采煤方法。

水库下特厚煤层综放开采,国内外没有先例。现有防水煤岩柱留设的相关规定,煤层条件、采煤方法不适于大平煤矿。

1. 按国外经验实例分析

1）防水煤岩柱厚度

对于大平煤矿煤层赋存条件,采厚按 12.5m、采深按 500m 计,开采煤层深厚比为 40 倍,防水煤(岩)柱厚度为 487.5m,是煤层采厚的 39 倍。

国外采厚一般限制 2 ~ 3m,安全开采深度或安全防水煤(岩)柱厚度为采出煤层厚度的 60 倍、75 倍、甚至 100 倍。如按规定要求,只能限厚开采或分层开采。

2）岩层允许变形值

根据岩层与地表移动基本规律,将不同深度水平的岩层视为相同深度的地表,根据地表变形计算岩层变形。

结合5.5节分析,以大平煤矿工作面走向长度一般在1500～2000m以上,倾斜宽250m左右,深度500m条件,岩层最大水平变形值与采深、采厚间关系为

$$\varepsilon_m = 0.51\frac{M}{H}$$

上式转化成深厚比形式为

$$\frac{H}{M} = 510\varepsilon_m^{-1}$$

根据表8-3所列英国等国家对隔水岩层允许极限变形值经验,按上式计算得大平煤矿开采煤层深厚比的对应数据见表8-6。

表8-6　国外隔水岩层允许极限变形值与大平煤矿允许深厚比

国　　别	英国	加拿大	智利	日本	美国
极限变形值/%	1	0.6	0.5	0.8	0.875
对应大平煤矿深厚比	50	85	102	64	58

表8-6结果显示,国外要求隔水岩层极限极限变形值0.5%～1%,即相当于要求深厚比50～102。以美国规定要求为例,隔水岩层最大水平变形值不超过0.875%,照此标准,大平煤矿煤层开采条件,防水煤岩柱厚度必须大于采厚的58倍,同样不能综放开采,只能分层开采。

2. 按我国水体下采煤规定

按国家《建筑物、水体、铁路及主要井巷煤柱留设与压煤开采规程》规定,单一分层平均采厚2.5m,分5个分层回收累计12.5m厚煤层计,由表8-4所列经验公式(2)预计普通分层开采导水裂缝带高度为

$$H_{li} = 39.6\text{m}$$

按国家《建筑物、水体、铁路及主要井巷煤柱留设与压煤开采规

程》留设防水安全煤岩柱，仅可分层开采。

综放开采煤层一次采出厚度大，岩层移动剧烈，地表移动变形值大，覆岩破坏严重。结合第4章覆岩破坏观测数据分析，以导水裂缝带最大高度为煤层采出厚度的20倍计，对厚度12.5m煤层综放开采导水裂缝带高度为250m。

综放开采对煤层实行全厚开采，放煤厚度控制难度较大。同样以导水裂缝带最大高度为煤层采出厚度的20倍估算，采高每增加1m，导水裂缝带高度就增加20m，保护层厚度就减少20m，相当于普通分层开采保护层厚度的2倍。为此，《建筑物、水体、铁路及主要井巷煤柱留设与压煤开采规程》保护层厚度选取表8-5规定，明确注明不适合综放开采。

8.1.3 已回采工作面实际防水煤岩柱厚度与岩性结构

1. 实际防水煤岩柱厚度

大平煤矿采用综合机械化放顶煤采煤方法，开采水库下特厚煤层，结合国内外现有水体下采煤成功经验，经充分技术论证，水库下首采面留设防水煤岩柱厚度从采厚的48倍开始试验，后根据试验研究成果逐步降低。至今已累计连续安全回采了4个工作面，实际防水煤岩柱厚度为400~650m，相当于采厚的30~55倍，开启了国内外特厚煤层水库下综放开采的先例。

工作面上覆岩层破坏“三带”划分是相对的，各带间岩层破坏程度并没有明显的界限。位于导水裂缝带上方的岩层，同样具有一定的导水性，只是相对较弱，6.1节介绍的钻孔冲洗液漏失量变化与深度关系说明了这一点。

保护层厚度越大，水体得到保护的可靠性越高。大平煤矿水库下已回采的5个工作面实际防水煤岩柱中保护层最小厚度140.73m，为相应工作面煤层采出厚度的9.28倍，见表8-7。

表 8-7 回采工作面防水煤岩柱厚度及保护层

工作面	采厚/m	采深/m	防水煤岩柱		导水裂缝带		保护层	
			厚度/m	与采高比	厚度/m	与采高比	厚度/m	与采高比
N1S1	12.42	430	417.58	33.62	197.2	15.87	220.38	17.74
S2S2	15.2	525	509.8	33.54	304.0	20	205.8	13.54
S2N1	11.54	600	588.46	50.99	193.15	16.74	395.31	34.26
N1S2	15.17	390	374.83	24.71	234.10	15.43	140.73	9.28
S2S9	11.0	680	669	60.82	155.98	16.68	513.02	46.64

2. 保护层岩层岩性结构

大平煤矿水库下压煤安全回采,工作面上覆岩层中导水裂缝带上方保护层中泥岩等泥质类隔水岩层的良好隔水性起到了重要的作用。

大平煤矿煤系地层及上覆白垩系地层均为陆相沉积,受沉积环境影响,地层显现为多沉积旋回特征。地层中泥岩等泥质类岩层较为发育,软岩地层结构性质特征明显。以 S2S2 工作面附近 417 孔分段岩性厚度统计结果为例,煤层上覆岩层中泥岩层总厚度 179.64m,在上覆岩层中占 30.4%。泥岩、油页岩等隔水岩层占比例为 55.6%。砾岩、粗砂岩等含水岩层占 43.2%。表 8-8 为各工作面附近钻孔岩性统计结果。

表 8-8 水库下试采工作面按钻孔统计的岩性厚度

工作面	钻孔编号	地面标高	见煤顶板深度	1 煤层厚度	覆岩厚度	中粗砂岩厚度	泥岩厚度	泥岩比例	粉细砂岩	表土层
N1S1	377	85.03	-380.58	8.21	465.61	264.67	129.68	27.85	69.09	2.2
	415	80.54	-395.2	7.68	475.74	216.37	20.56	4.32	141.76	2.4
	183	88.8	-372.47	6.49	461.27	229.08	127.36	27.61	59.68	5.3

（续）

工作面	钻孔编号	地面标高	见煤顶板深度	1煤层厚度	覆岩厚度	中粗砂岩厚度	泥岩厚度	泥岩比例	粉细砂岩	表土层
N1S2	432	79.68	-358.24	8.09	437.92	251.74	102.93	23.50	67.95	2.4
	414	80.56	-353.35	6.53	433.91	169.52	85.23	19.64	161.16	5.3
	184	85.19	-346.38	7.89	431.57	216.77	54.94	12.73	127.92	21.5
	216	83.3	-309.04	6.69	392.34	200.54	71.78	18.30	105.42	5.3
S2S2	417	80.8	-520.29	8.32	601.09	250.33	201.05	33.45	136.27	2.5
	434	79.78	-468.25	9.69	548.03	246.78	167.5	30.56	119.99	2.5
S2N1	170	84.5	-565.05	7.07	649.55	144.54	257.49	39.64	236.82	
	175	86.5	-534.99	7	621.49	144.54	231.83	37.30	234.42	
	378	85.6	-561.69	7.58	647.29	126.09	273.32	42.23	236.88	
	58	83.6	-554.82	6.28	638.42	144.54	246.36	38.59	236.82	
S2S9	393	86.32	-713.29	8.23	799.61	370.41	150.52	18.82	278.68	13
	168	84.5	-703.98	8.7	788.48	402.39	121.11	15.36	251.98	13
	81	81.17	-652.63	7.97	733.8	292.33	272	37.07	169.47	

随着对煤层上覆岩层岩性结构、物理力学性能、含(隔)水性,及其受采动影响变化规律等工程地质和水文地质信息更全面的掌握,水库下特厚煤层综放开采防水安全煤岩柱留设及保护层厚度选取将更加科学、合理。

8.1.4 控制采高,确保煤岩柱

矿井采用综放开采,煤层一次采全高,煤层顶板为黑色油页岩。工作面回采过程中,必须采取有效的技术措施,控制放煤高度,防止大量顶板岩石随顶煤一同被放出,以避免因采高过大使覆岩破坏导水裂缝带高度发展超出预计范围,减小防水煤岩柱和保护层厚度,给生产安全留下隐患。

大平煤矿水库下工作面回采过程中,从采放煤工艺循环、两巷超

前维护、矿山压力控制及顶板管理等多方面，采取了严格的控制采高措施。

（1）探煤厚在掘进和回采时分别采用。掘进时在运顺和回顺巷道一般每隔50m探测一次。回采时在工作面内打5～7个探孔每周探测一次。

（2）认真执行一刀一放、每刀三轮放煤制度，达到停放标准后必须立即停止放煤。

（3）回采过程中，过断层时工作面要沿断层下盘煤层底板进行回采，不准破底。

（4）采煤机割刀过程中，司机要认真掌握好顶底板，严禁随意卧底或留底。

（5）工作面煤层变化程度较小时，工作面底板保持原有回采状况，以不破底板为准；当煤层变化较大时，必须停止割煤，按照每20组支架打顶板眼一个，探煤一次，然后根据探煤层厚度进行回采。

上述控制采高措施的实施，收到了良好效果。以N1S1工作面为例，实际采放高度与设计采高相差幅度为2%～8%，见表8－9。

表8－9　N1S1工作面探煤厚度与实际采放高度统计表

开采阶段	0～650m	650～900m	900～1242m
开采时间	2005.4.1—2005.10.14	2005.10.14—2006.1.08	2006.01.08—2006.5.28
设计采高/m	8.69	12.6	14.3
探测煤厚/m	7.50～9.50	11.97～13.55	10.27～13.85

8.2　防钻孔透水

煤田地质勘探或矿井生产建设时期，施工许多揭穿煤层、各含水层的钻孔。为防止地表与地下水体直接渗透，保护煤层免遭氧化自燃等，《地质勘探规程》、《煤矿安全规程》均要求，钻孔施工完毕后必须对第四系地层、煤层段等进行封闭。

如果钻孔没有封闭或封闭质量不好,采掘工程接近或揭露钻孔时,钻孔存水以及与之有联系的地表水或地下水将通过钻孔进入井下,形成矿井涌水。若钻孔未与其它水源连通,仅钻孔存水,一般水量有限,危害不大;若钻孔与地表水库连通,极易酿成井下突水灾害。

8.2.1 施工钻孔基本情况

大平煤矿井田地质勘探工作始于 1958 年,止于 1983 年精查勘探结束,历经四次勘探,历时 25 年。共施工钻孔 205 个。

库内钻孔 1979 年至 1983 年施工,共 30 个钻孔,均使用水泥砂浆对全孔进行了封闭,并附有钻孔质量封闭报告。

陆地施工钻孔,均使用水泥砂浆进行封闭,其封闭质量大部分未进行透孔检查。其封闭层段有:

(1) 四系地层段。

(2) 煤层段。煤层全封,煤层顶板上封 6m,煤层底板下封 5m。

(3) 断层段。遇到断层后,断层面上下亦按煤层段进行封闭。

8.2.2 透孔检查封堵情况

井田内勘探期间钻孔封闭质量未进行过透孔检查。考虑到库水水域范围将追踪由采煤沉陷引起的地面标高变化而迁移,2006 年集团公司委托辽宁省地质矿产局综合勘察院和东北煤田地质局 101 勘探队,根据矿井采掘作业规划,分期分批对库区内、外所有钻孔进行透孔检查并重新封孔。

经查,勘探钻孔封孔质量问题主要如下:

(1) 漏封;

(2) 封闭段长度不足;

(3) 封孔水泥不成柱。

如水库内的416孔从开孔到透至150m深全部为空孔；库内410孔封孔质量差且水泥不成柱。

图8－3～图8－5为钻孔典型状态照片，表8－10为2007年、2008年部分钻孔检查结果。

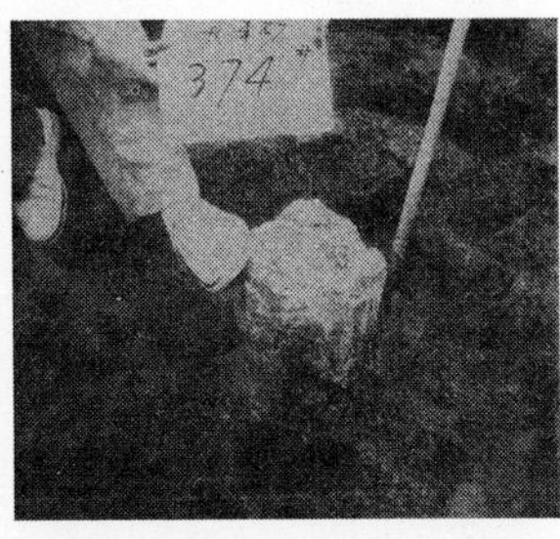

图8－3　孔口封闭岩柱

图8－4　孔口未封闭

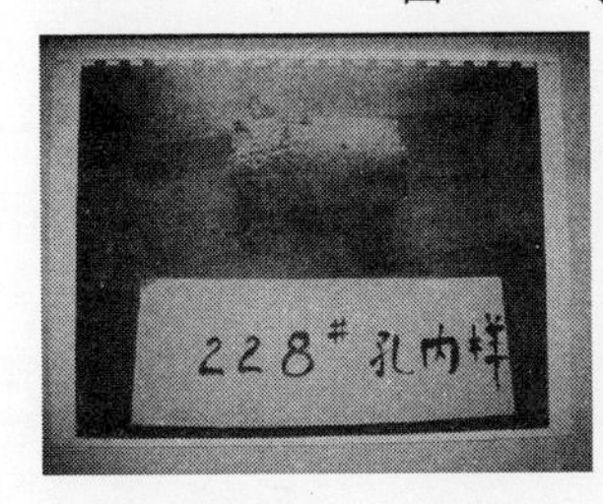

图8－5　封孔岩柱

由于对矿井生产影响较大的含水层为第四系砂及砂砾承压含水层和白垩系砂岩及砂砾岩承压含水层(侏罗系底部和煤层顶板含水层的涌水量很小)，所以只对孔口至150m层段进行透孔并用水泥沙浆重新封孔，并进行质量抽检。主要工艺如下：

表 8-10 2007 年、2008 年部分钻孔封闭质量问题

钻孔	检查状态
18	未封闭
230	孔口见 ϕ 0.28 ×0.6 水泥柱,下未封闭
180	未见任何封闭物
375	未见任何封闭物
205	未见任何封闭物
224	孔口见 ϕ 0.28 ×1.3 水泥柱,下未封闭
15	1.9m 深见 ϕ 0.28 ×0.72 水泥柱,125m 处受阻
380	未封闭
220	孔口未封闭,9m、80m 处受阻
394	未封闭
181	深 2.8m 处见上 ϕ 0.30m、下 ϕ 0.12m 长 0.7m 不规则水泥柱,61m 处受阻
374	3m 深见 ϕ 0.28 ×3 水泥柱
185	未封闭
371	孔口未封闭,90m 处受阻
56	孔口未封闭,90m 处受阻
196	0~150m 段未封闭
204	0~150m 段未封闭
228	挖深 0.5m 处见封孔水泥柱,38m 受阻
384	挖深 0.5m 处见封孔水泥柱,74m 受阻,94.97m 封水泥柱

1. 找孔

按孔口坐标用 GPS 找孔。

2. 透孔

有水泥封闭的钻孔:首先用套管将将水泥套在其中(如水泥柱在地表下,必须揭开表土),然后用大径钻头进行套取,以防发生偏斜。

未见封闭钻孔:确认原空位后,采取开泵冲孔的方法向下冲孔,不许用无岩心钻头钻进,必须用大于 4m 的长岩芯管透扫,以防发生偏斜。

3. 架桥

钻孔透至150m后,用废钢丝绳、草把、岩心等装入岩芯管内,开泵将上述物品送出,靠其自然膨胀架桥,架桥后进行试荷,重量要大于1000kg,拖住透孔钻具。

4. 洗孔

架桥结束后进行洗孔。将透孔钻具下至150m后,向孔内随即注入清水将孔内残留物(杂物、泥浆、井壁泥皮等)冲洗干净,返至地表。目的是提高水泥砂浆和井壁的胶结程度泥。浆黏度不能超过20s,相对密度不超过1.05。

5. 封闭

洗井结束后即可向境内注入搅拌好的水泥砂浆进行封闭。封闭材料为水泥、砂子、清水等,水泥标号不低于32.5级,品质要求不结块、不潮湿。纯净河砂,粒径小于1.5mm。过大不利于泵送,过小不利于水泥晶核生长。pH =7 ~9的中性清水。水灰比:普通硅酸盐水泥1:1:0.55,矿渣硅酸盐水泥1:1:0.70。

6. 采样检查

检查确认已封闭钻孔封闭程度。采用直径89mm的取样器,取上经过72h已凝结成柱状的水泥柱,经技术人员认定合格后再封闭。

8.2.3 钻孔探放水

井下工作面采掘过程中,按《煤矿安全规程》等相关技术规定,进行井下探放水。N1S1工作面推进距377号孔15m时,开始对该钻孔探放水,共施工7个放水孔,均未见涌水。12月16日零点班,工作面实见377号钻孔,发现水泥与岩屑混合物,软质、凝固不好,未见淋水。

S2S2工作面推进距417号孔30m和15m时,先后两次共施工10个放水孔,进行探放水,均未见涌水。直至回采结束,未见钻孔涌水。

8.3 防断层导水

地层中发育着规模不等、性质不同的断层。断层面两侧不同宽度范围内断裂带岩层,完整性差、裂隙发育、岩石破碎。断裂带一般不仅含水,还可能具有较强的透水性。

井巷工程接近或触及到与地下水、地表水相连通的导水断层时,地下水、地表水及断层水才会涌入矿井,使矿井涌水量骤增,造成突水事故或灾害。

矿井水灾事故的发生多与断层导水有关。国内外大量统计资料表明,矿井水灾事故有70%~80%是在揭露或靠近断层时因断层导水而引起的。

8.3.1 断层特征及导水性

根据井田精查地质报告及三维地震勘探成果,库区煤层中共发现有落差大于3m的断层45条。其中,落差大于30m的1条,10~20m的10条,5~10m的17条,3~5m的17条。

煤层内断层均为张性及张扭性正断层,断层倾角40°~65°。落差5m以上断层均发育于煤层中,向上且穿白垩系底界面后落差变小,直至尖灭。断层发育较浅,深度在-200m~-60m白垩系风化带底界面的断层有7条,参数见表8-11。

表8-11 较浅部断层参数、位置

断层名称	发育标高/m	断层产状				延展长度/m
		走向	倾向	倾角/(°)	落差/m	
SDF112	-60	NNW	SWW	45~55	0~5	320
SDF125	-110	NE	NW	45~55	0~9	380
SDF107	-120	NWW	NNE	45~55	0~16	830

（续）

断层名称	发育标高/m	断层产状				延展长度/m
		走向	倾向	倾角/(°)	落差/m	
SDF139	-120	NNE	NWW	50~60	0~12	900
SDF143	-140	NW	SW	40~60	0~13	1080
SDF128	-180	NNE-NW	NNW-NE	55~65	0~32	490
SDF109	-200	SSW-NEE	NWW-NNW	45~55	0~10	380

据钻孔所见断层尚未发现漏水。根据对库内F_{33}号断层在75~510.00m段，以及库外F_{32}断层在45~582.00m段、411号断点在474.38~544.30m段、F_{42}断层在400~600m和400~675.61m段进行抽水试验及水质分析结果表明：断层的富水性弱，导水性差。考虑到断层破碎带厚度小，并为泥质物充填紧密，可谓闭合断层，导水极弱。

三维地震勘探成果提示有两条不切断煤层的活断层SDF147、SDF148，发育高度均为第四系底。

8.3.2 断层活化导水危害研究

采动可导致原始断层活动，即活化。即便不含水、不导水断层，活化后也可能导水，给安全生产带来危害。

1. 断层构造及煤层开采情况

F_1、F_2和F_3三断层均为高角度正断层，平行展布。断层走向NW53°，倾角60°~80°，探测区域断层落差、倾角等参数见表8-12。

探测区东北部为小康煤矿W1S1工作面（正在回采）、W1S2工作面（2001年1月开采，2001年7月末开采结束），西南部为大平煤

表 8－12　断层落差及倾角数据表

断层名称	倾角/(°)	落差/m	探测区附近断层参数
F1	60～80	35～215	煤落差 100m，倾角 78°
F2	60～80	34～140	落差 20m，倾角 77°
F3	70～80	35～135	落差 20m，倾角 79°

矿 S2S9 工作面（正在回采）。地表主要是董家窝棚村和四家子民宅及农田，地表标高＋85～＋90m，如图 8－6 所示。

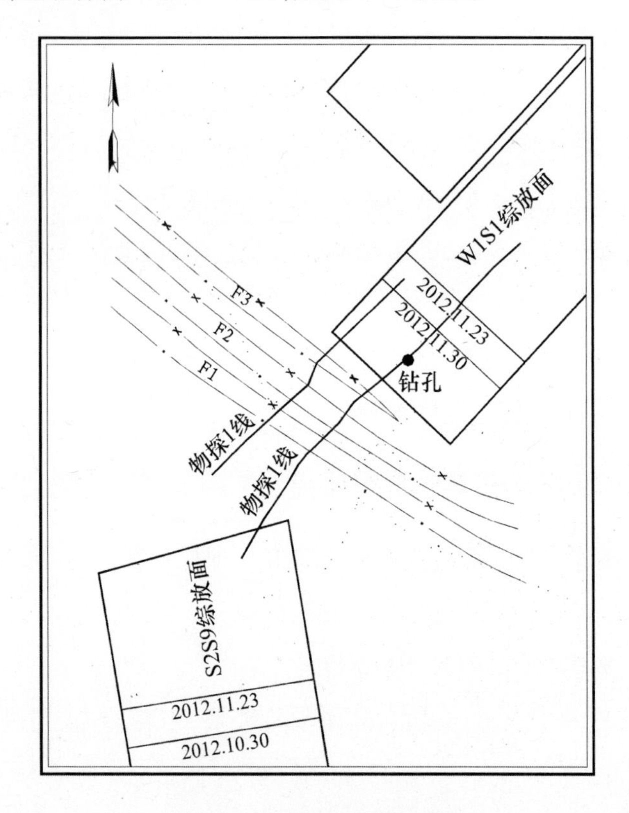

图 8－6　探测区平面位置图

小康煤矿 W1S1 工作面面长 230m，走向推进长度 1036m，采用全部垮落综合机械化放顶煤法开采。工作面 2010 年 11 月 1 日开始回采，2011 年 1 月 23 日工作面推进距离 160m。探测区附近煤层开采标高 -220 ~ -240m，平均采高 7.57m。

大平煤矿 S2S9 工作面面长 278m，走向推进长度 2000m，采用全部垮落综合机械化放顶煤法。工作面 2010 年 4 月 22 日开始回采，2011 年 11 月 23 日工作面距离停采线 180m。探测区附近煤层开采标高 -660 ~ -680m，平均采高 8.95m。

2. 测站布置与探测方法

物探主要是采用密点距直流电阻率测深法。沿垂直断层走向方向布置 2 条测线，测线总计长 1600m，物理点 160 个。

钻探是采用岩层钻进冲洗液漏失量法。钻孔布设在 F3 断层基岩露头附近，预计孔深 35m 处附近遇断层破碎带。成孔后连续观测钻孔水位，同时对附近两个民用井水位进行观测。

物理探测共进行了 3 次，时间依次为 2012 年 12 月 5 日、2013 年 1 月 11 日和 2013 年 2 月 23 日。钻孔施工观测 2012 年 12 月 27 日开始，2013 年 1 月 4 日结束，钻孔进尺 93.8m，基岩全孔深取芯，水位观测持续至 2013 年 4 月 15 日。钻孔平面位置如图 8 -6 所示。

3. 探测成果分析

1）物探成果解释

图 8 -7 ~ 图 8 -9 为 line1 线 3 次探测地电阻率断面图、图 8 -10 ~ 图 8 -12 为 line2 线 3 次探测地电阻率断面图。比较不难发现，每探测线 3 次探测地电阻率断面图几乎一致，说明探测期内地层浅部岩层没有发生破坏性移动。

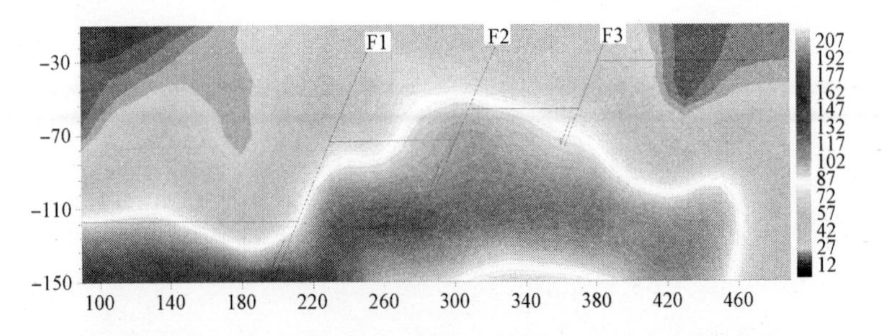

图 8 - 7　line1 线视电阻率断面图(2012 年 12 月 5 日观测)

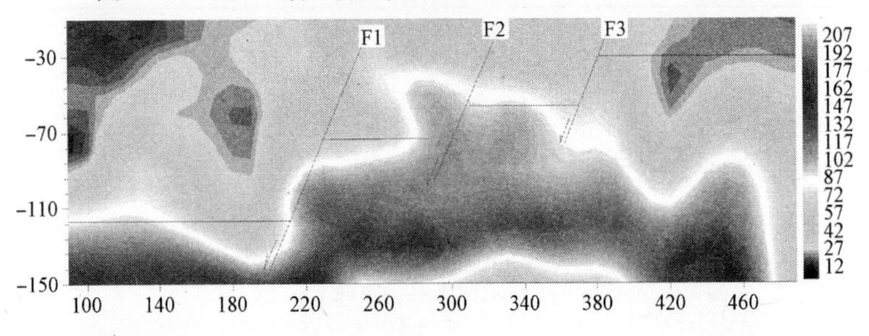

图 8 - 8　line1 线视电阻率断面图(2013 年 1 月 11 日观测)

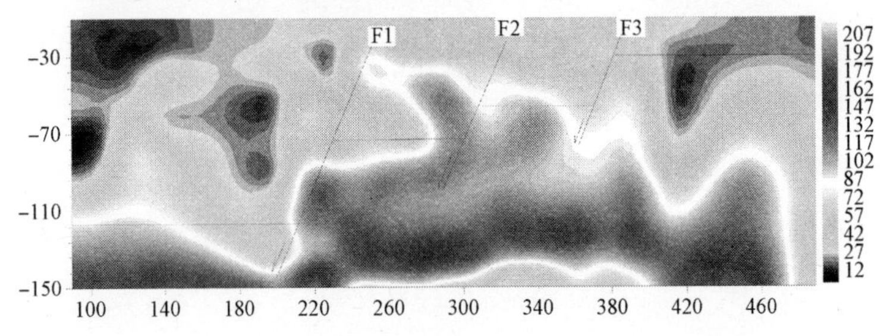

图 8 - 9　line1 线视电阻率断面图(2013 年 2 月 23 日观测)

图 8 - 7 中与 F1、F2 和 F3 断层对应,220m、300m 和 360m 处横向上有明显的电阻率异常。F1 断层呈明显低阻异常,F2、F3 断层呈高阻异常,分析认为 F1 断层可能浅部富水,F2、F3 断层富水性较弱。图 8 - 10 中与 F1、F2 和 F3 断层对应,220m、280m 和 370m 处横向上有明显的电阻率异常。F1 断层呈明显低阻异常,F2、F3 断层呈高阻异常,分析认为 F1 断层可能浅部富水,F2、F3 断层富水性较弱。

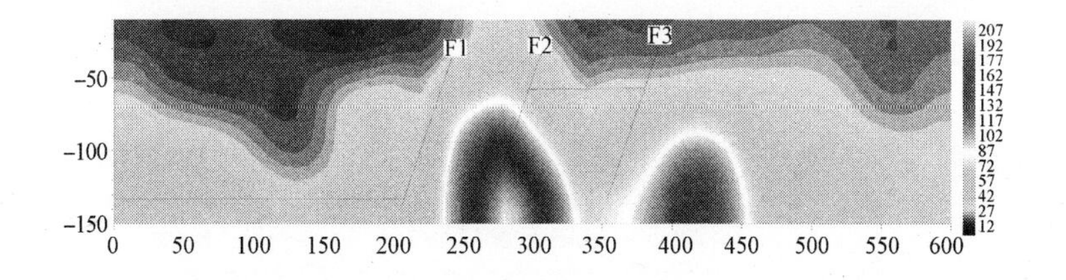

图 8－10　line2 线视电阻率断面图(2012 年 12 月 5 日观测)

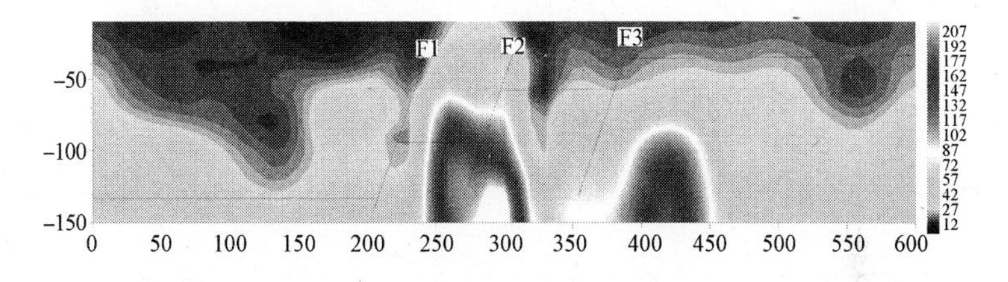

图 8－11　line2 线视电阻率断面图(2013 年 1 月 11 日观测)

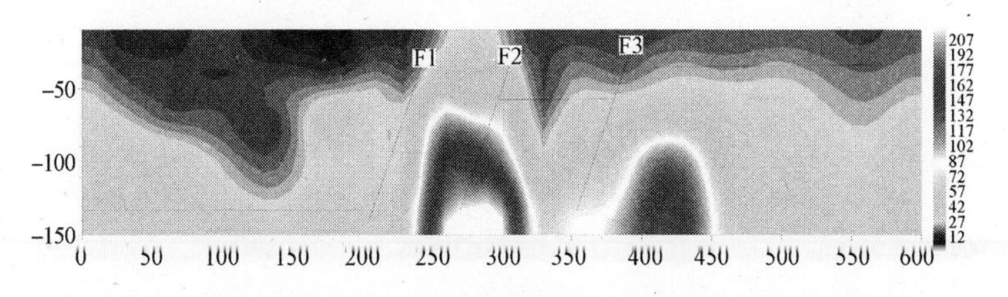

图 8－12　line2 线视电阻率断面图(2013 年 2 月 23 日观测)

2）钻探成果分析

表 8－13 为钻孔冲洗液漏失量记录表。实测岩层钻孔冲洗液漏失量普遍在 0.002～0.004 L/m·s,断层破碎带附近(预计深度 30～40m)岩层漏失量 0.003～0.004 L/m·s,与其他区域岩层无异。这一数值与大平煤矿井田地层原岩对比孔冲洗液漏失量(平均0.002L/m·s)大小基本相当,说明断层面附近岩层破碎不明显。与大平煤矿实测覆岩破坏导水裂缝带岩层漏失量 0.50～0.71L/m·s 相差 2 个数量级,与弯曲变形带岩层漏失量 0.01～0.031L/m·s 相差 1 个数量级,不具有导水性。期间钻孔及附近民用井水位稳定,无明显变化,见表 8－14。

表 8-13　钻孔 1 施工情况记录单表

钻孔深度/m	岩性描述	耗失量/(L/m·s)
0~10.5	表土,灰黄色	0.001
14.0	砂泥岩,灰褐色,松软易碎	0.006
18.3	砂泥岩,灰褐色,松软易碎	0.005
24.0	泥岩,灰红色,褐色	0.003
31.1	砂泥岩,灰褐色,松软易碎	0.004
36.1	细砂岩,灰色,细粒结构	0.003
41.1	细砂岩,灰色,细粒结构	0.004
43.4		0.005
46.2		0.004
49.8		0.003
54.0		0.003
58.6		0.003
61.3		0.004
64.4	砂泥岩,灰红色,褐色	0.002
67.3	砂泥岩,灰褐色,灰色	0.003
70.7	砂泥岩,灰褐色,灰色	0.003
75.5	粉砂岩,灰色,密实,较硬	0.002
79.2	砂砾岩,灰色,沙质胶结	0.002
82.0	砂砾岩,灰色,沙质胶结	0.003
85.0	泥岩,灰红色,褐色	0.003
88.0	泥岩,灰红色,褐色	0.003
93.8	泥岩,灰色,结构较好,易碎	0.001

表 8-14　钻孔、水井水位(水面至孔口)观测值表

观测时间	孔 1 水位/m	水井 1 水位/m	水井 2 水位/m
2013.1.4	2.80	2.65	2.60
2013.1.6	2.75	2.60	2.60
2013.1.7	2.75	2.65	2.63
2013.1.14	2.73	2.62	2.60
2013.1.24	2.75	2.60	2.60
2013.2.4	2.75	2.60	2.60
2013.2.14	2.75	2.65	2.65
2013.2.24	2.74	2.63	2.65
2013.3.6	2.72	2.65	2.60
2013.3.16	2.75	2.67	2.67
2013.4.15	2.80	2.70	2.70

高密度电法岩层电阻率探测及钻孔岩层冲洗液漏失量观测结果均说明，W1S1、S2S9 工作面采动未导致 F1、F2 和 F3 三断层活化导水。

8.3.3　工作面过断层措施

断层导水危害，主要来自发育较高的断层，如 SDF147、SDF148 活断层，以及达到或接近白垩系风化带的较浅部断层。尤其对覆岩破坏导水裂缝带高度较高，达到或接近白垩系风化带时，断层导水将对工作面造成严重威胁。对于一般发育高度较低，导水裂缝带发育高度远在风化带底界面下开采的工作面，断层无甚影响。

以 N1S1 工作面为例，工作面从切眼推进至 285 ~ 430m 位置时，穿越 N1S1F5（落差 1.2 ~ 1.6m）、N1S1F4（落差 9.0 ~ 9.5m）、N1S1F3（落差 1m）、N1S1F2（落差 3.8m）、N1S1F1（落差 3.6m）等 5 个断层，断层与工作面位置关系分布图如图 8-13 所示。

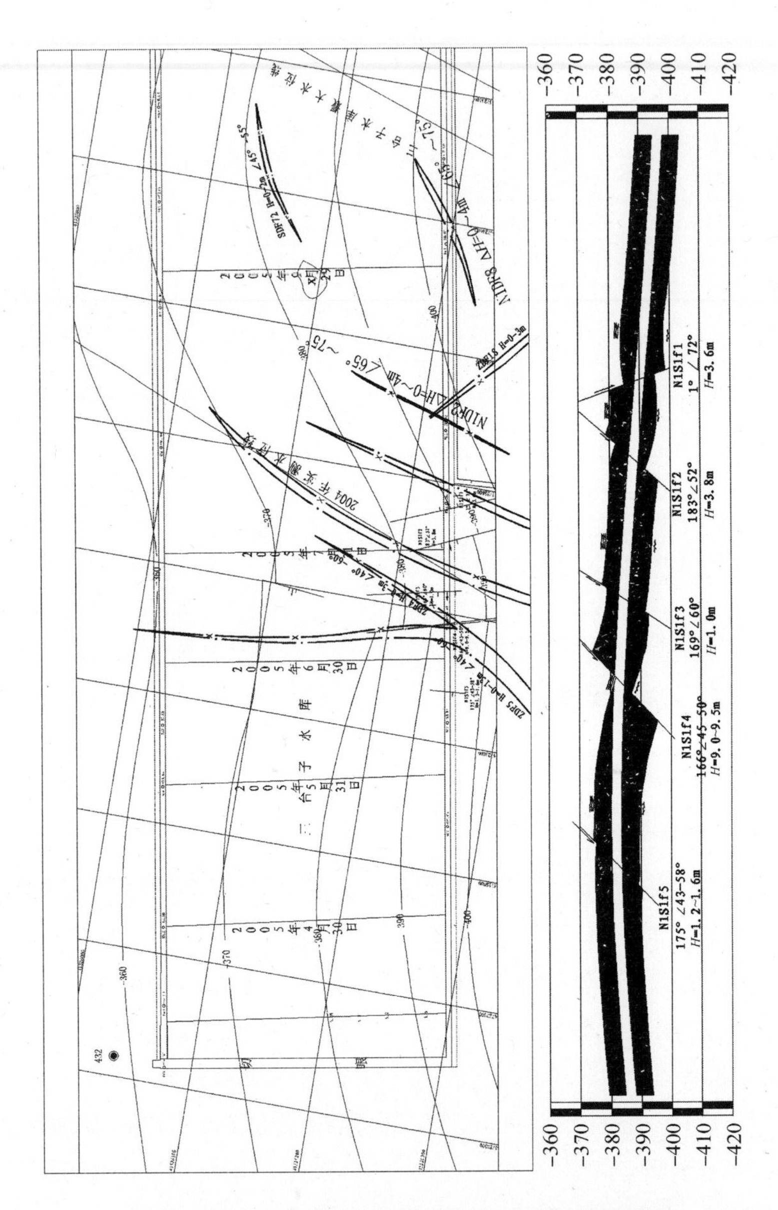

图 8－13　N1S1 试采面断层与工作面位置关系分布图

在通过 N1S1F5、N1S1F4 等 5 个断层时，断层附近仅少量滴水，工作面涌水量无异常变化。工作面在过 N1S1F4 时，因落差相对较大，工作面顶板破碎，压力加大。经采取放慢回采速度、降低放煤高度、加强支护等措施，工作面顺利通过。

参考文献

[1] 国家安全生产监督管理总局,国家煤矿安全监察局. 煤矿安全规程[M]. 北京:煤炭工业出版社,2011.

[2] 国家煤炭工业局,建筑物、水体、铁路及主要井巷煤柱留设与压煤开采规程[M]. 北京:煤炭工业出版社,2000.

[3] 国家安全生产监督管理总局,国家煤矿安全监察局. 煤矿防治水规定[M]. 北京:煤炭工业出版社,2009.

[4] 刘天泉. "三下一上"采煤技术的现状及展望[J]. 煤炭科学技术,1995 (1).

[5] 王家臣. 我国综采放顶煤技术及其深层次发展问题的探讨[J]. 煤炭科学技术,2005 (1).

[6] 施龙青,辛恒奇,翟培合,等. 大采深条件下导水裂隙带高度计算研究[J]. 中国矿业大学学报,2012(1).

[7] 冯国财,徐白山,王东. 三台子水库下压煤综放开采覆岩破坏及充水特征[J]. 采矿与安全工程学报,2013,30(6).

[8] 武雄,杨健,段庆伟,等. 煤层开采对岳城水库安全运行的影响[J]. 水利学报,2004(9).

[9] 孙亚军,徐智敏,董青红. 小浪底水库下采煤导水裂隙发育监测与模拟研究[J] . 岩石力学与工程学报,2009,28(2).

[10] 煤炭科学研究院北京开采所. 煤矿地表移动与覆岩破坏规律及其应用[M]. 北京:煤炭工业出版社,1981.

[11] 何国清,杨伦,凌庚娣,等. 矿山开采沉陷学[M]. 徐州:中国矿业大学出版社,1991.

[12] 冯国财,李强,孟令辉. 三台子水库下特厚煤层综放开采覆岩破坏特征[J]. 中国地质灾害与防治学报,2012,23(4).

[13] 李强,罗春喜,陈荣德,等.大平煤矿五年水库下综放开采的实践和认识[J].矿山测量,2011(2).
[14] 冯国财,杨倩,刘文生.工作面回采期间地下承压水位变化规律分析[J].中国地质灾害与防治学报,2011,22(4).
[15] 李强,段克信,王献辉,等.康平煤田综放开采覆岩破坏规律初探[J].矿山测量,2006(1).
[16] 王献辉,题正义,杨然景,等.大平煤矿水库下 N1S1 试采面综放开采阶段总结[J].矿山测量,2005(4).
[17] 杨倩,冯国财,刘文生.采动影响下承压含水层水位变化预测模型研究[J].广西大学学报(自然科学版),2012,37(4).
[18] 王献辉,李强,冯国财,等.大平煤矿水库下首采面综放开采安全分析[J].煤炭科学技术,2005(10).
[19] 杨艳景,吴维权,孟令辉.大平煤矿水体 S2N1 试采面综放开采安全可行性分析[J].科协论坛,2007(4).
[20] 徐白山,王恩德,陈庆凯,等.利用 EH-4 确定煤矿采空区的边界[J].东北大学学报(自然科学版),2006,34(7).
[21] 王玉洁.综放开采工作面覆岩 EH-4 电导率分布特征[J].煤矿安全,2012(10).
[22] 甘志超,张华兴,刘鸿泉.EH-4 电导率成像系统探测“两带”的应用研究[J].煤矿开采,2006,11(3).
[23] 高延法,曲祖俊,邢飞,等.龙口北皂矿海域下 H2106 综放面井下导高观测[J].煤田地质与勘探,2009(6).
[24] 王旭生,陈崇希,焦赳赳.承压含水层井流——盖板弯曲效应的解析理论[J].地球科学-中国地质大学学报,2003,28(5).
[25] 陈崇希,林敏.地下水动力学[M].武汉:中国地质大学出版社,1999.
[26] 韩仁桥,王兰健.海下采煤海溃防治工作重点及对策研究[J].煤矿开采,2007(3).
[27] 胡戈,李文平,程伟,等.淮南煤田综放开采导水裂隙带发育规律研究[J].中国煤炭,2008(5).
[28] Li Qiang, Luo ChunXi, Meng LingHui. Explored the fully-mechanized caving

mining of water flowing fractured zone[C]. Hangzhou: The International Conference on Structures and Building Materials ICSBM2012, B3225. 2012. 3. 11.

[29] 张华兴. 对"三下"采煤技术未来的思考[J]. 煤矿开采, 2011, 16(1).

[30] 李建楼, 刘盛东, 张平松, 等. 并行网络电法在煤层覆岩破坏监测中的应用[J]. 煤田地质与勘探, 2008, 36(2).

[31] 赵杰, 潘乐荀, 朱慎刚, 等. 钻孔并行电法探测煤层开采覆岩破坏在祁南矿713 工作面的应用[J]. 煤, 2012(3).

[32] 张朋, 王一, 刘盛东, 等. 工作面地板变形与破坏电阻率特征[J]. 煤田地质与勘探, 2011, 39(1).

[33] 高召宁, 孟祥瑞. 煤层底板变形与破坏规律电法动态探测研究[J]. 地球物理学进展, 2011(6).

[34] 韩绪山, 张景考. 裂隙、离层及冒落带的声波成像识别方法[J]. 中国煤田地质, 2001(3).

[35] 程久龙. 矿山采动裂隙岩体地球物理场特征研究及工程应用[J]. 中国矿业大学学报, 2008, 37(6).

[36] 胡小娟, 李文平, 曹丁涛, 等. 综采导水裂隙带多因素影响指标研究与高度预计[J]. 煤炭学报, 2012, 37(4).

[37] 程久龙, 于师建. 覆岩变形破坏电阻率响应特征的模拟实验研究[J]. 地球物理学报, 2000, 43(5).

[38] 吴荣新, 张卫, 张平松. 并行电法监测工作面"垮落带"岩层动态变化[J]. 煤炭学报, 2012, 37(4).

[39] 刘新河, 崔石磊, 赵俊楼, 等. 岳城水库下综放开采厚煤层的工程实践[J]. 中国煤炭, 2009(10).

[40] 王晓振, 许家林, 朱卫兵. 主关键层结构稳定性对导水裂隙演化的影响研究[J]. 煤炭学报, 2012, 37(4).

[41] 白银, 高建军. 采动影响下地下水流动规律[J]. 辽宁工程技术大学学报, 2011 (S1).

[42] 胡小娟, 李文平, 曹丁涛, 等. 综采导水裂隙带多因素影响指标研究与高度预计[J]. 煤炭学报, 2012, 37(4).

[43] 刘树才, 刘鑫明, 姜志海, 等. 煤层底板导水裂隙演化规律的电法探测研究

[J]. 岩石力学与工程学报,2009,28(2).

[44] 张平松,刘盛东,舒玉峰. 煤层开采覆岩破坏发育规律动态测试分析[J]. 煤炭学报,2011,36(2).

[45] 孟凡和. 龙口矿区海下采煤技术研究与实践[J]. 煤炭科学技术,2006(2).

[46] 王占盛,王连国,黄继辉,等,不同岩层组合对导水裂隙带发育高度的影响[J]. 煤矿安全,2012(2).

[47] Davis J L. Ground Penetrating radar for high resolution mapping of soil and rock stratigraphy[J]. Geophysical prospecting,2001.

[48] Thonas J Fenner Application of. Subsurface radar(SIR) in lime - stone[J]. Technical Literature,GSSI. Inc. 1985.

[49] 王九华. 谈英国海下采煤技术及应用[J]. 江苏煤炭,1988(2).

[50] 刘天泉,白矛,鲍海印. 澳大利亚海下采煤经验[J]. 矿山测量,1982(3).

[51] 唐春安,王述红,傅宇方. 岩石破裂过程数值试验[M]. 北京:科学出版社,2003.

[52] 曹宝良. 加拿大林格矿海下采煤[J]. 矿山测量,1978(3).

[53] 高延法,黄万朋,刘国磊,等. 覆岩导水裂缝与岩层拉伸变形量的关系研究[J]. 采矿与安全工程学报,2012,29(3).

[54] 孙洪星,康永华,刘武章,等. 龙口矿区近海厚冲积层下综放采煤防水煤岩柱的留设研究[J]. 煤炭科学技术,1999(6).

[55] 李玉民,康永华,高成春,等. 我国水体下综放开采技术的应用及展望[J]. 煤炭科学技术,2003(12).

[56] 范学理,等. 中国东北煤矿区开采损害防护理论与实践[M]. 北京:煤炭工业出版社,1998.

[57] 文学宽,康永华,耿德庸. 导水裂缝带高度的钻孔冲洗液漏失量观测方法(MT/T865 - 2000)[S]. 北京:煤炭工业出版社,2000.

[58] 康永华,王济忠,孔凡铭,等. 覆岩破坏的钻孔观测方法[J]. 煤炭科学技术,2002(12).

[59] 周红帅,徐白山,靳辉,等. EH - 4 电磁波在探测煤矿采空区覆岩"三带"中的应用[J]. 中国地球物理,2007(10).

[60] 许延春,刘世奇. 水体下综放开采的安全煤岩柱留设方法研究[J]. 煤炭科

学技术,2011(11).

[61] 邢延团,刘增平,吴新庆.等.水文动态实时监测系统应用研究[J].采矿技术,2006(3).

[62] 王兰健,韩仁桥.水情监测预警系统在海下采煤中的应用[J].煤田地质与勘探,2006(3).

后 记

2010 年初，开始筹划编写一部展示大平煤矿水库下综放开采安全技术研究成果方面的书，以纪念矿井在水库下采煤 5 周年及其取得的成就。

三年多来，反复查阅大量原始记录，整理分析观测探测数据、图片等资料，仔细斟酌覆岩破坏钻孔实测、EH－4 物探、数值模拟成果，对岩层与地表移动、覆岩采动破坏与充水特征、地下水位采动变化等进行了深入研究。经充实、完善，2013 年初完成书稿，现呈献给广大同行，以交流、共勉。

对于含水层水位采动变化规律问题的研究工作还只是一个起步。作者预想，随着研究成果的不断丰富，或许能为多含水层水文地质条件矿井地面大型水体下采煤水害预警提供可行的技术途径。

矿井长期大面积开采后，库区地表标高大幅度下降对水库库容及区域自然与生态环境的影响是复杂又深远的，断层充水以及活化、导水等水文地质条件的改造也可能使断层成为水库下开采的主要隐患。作者相信，随着科研工作的深入展开，类似诸多复杂问题未来都将能够得到解决。

作者

2013 年 8 月

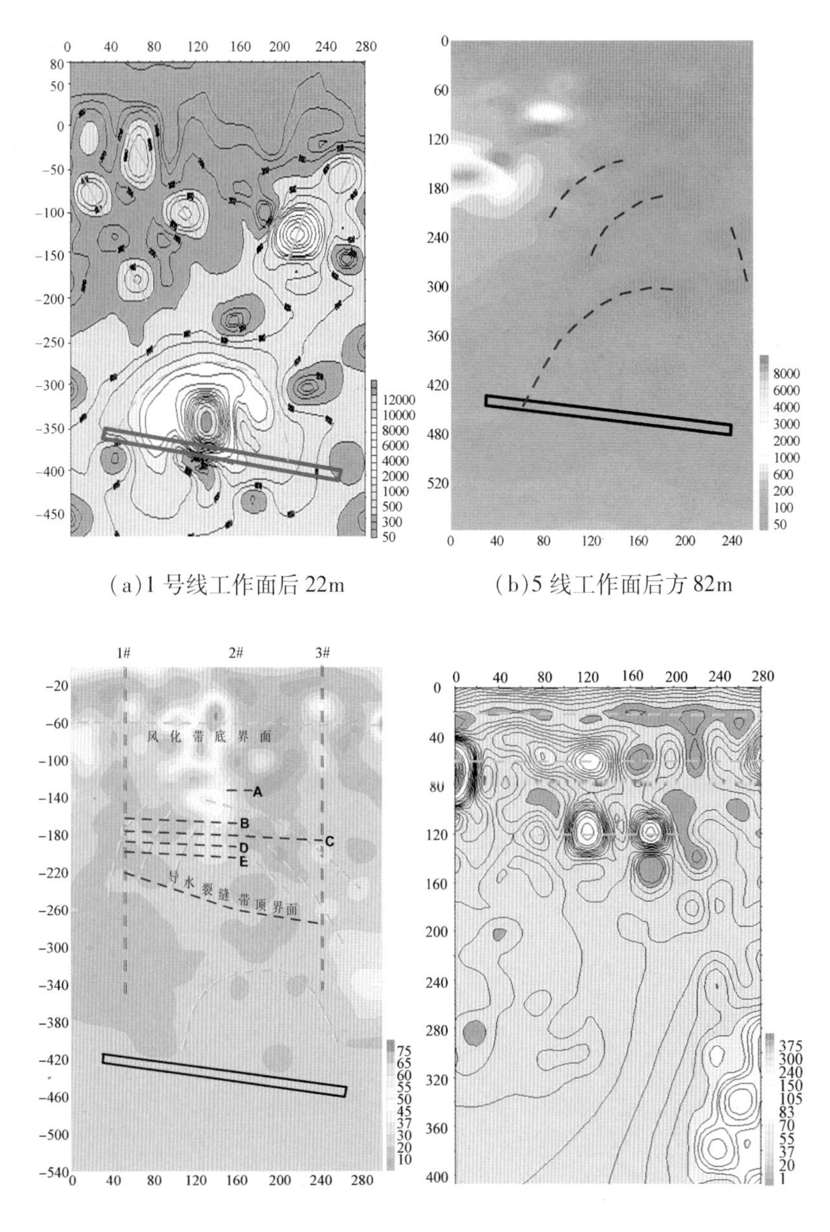

(a)1 号线工作面后 22m

(b)5 线工作面后方 82m

(c)2 号线工作面后 92m

(d)1 线工作面后方 122m

N1S1 工作面 EH－4 覆岩视电阻率剖面图

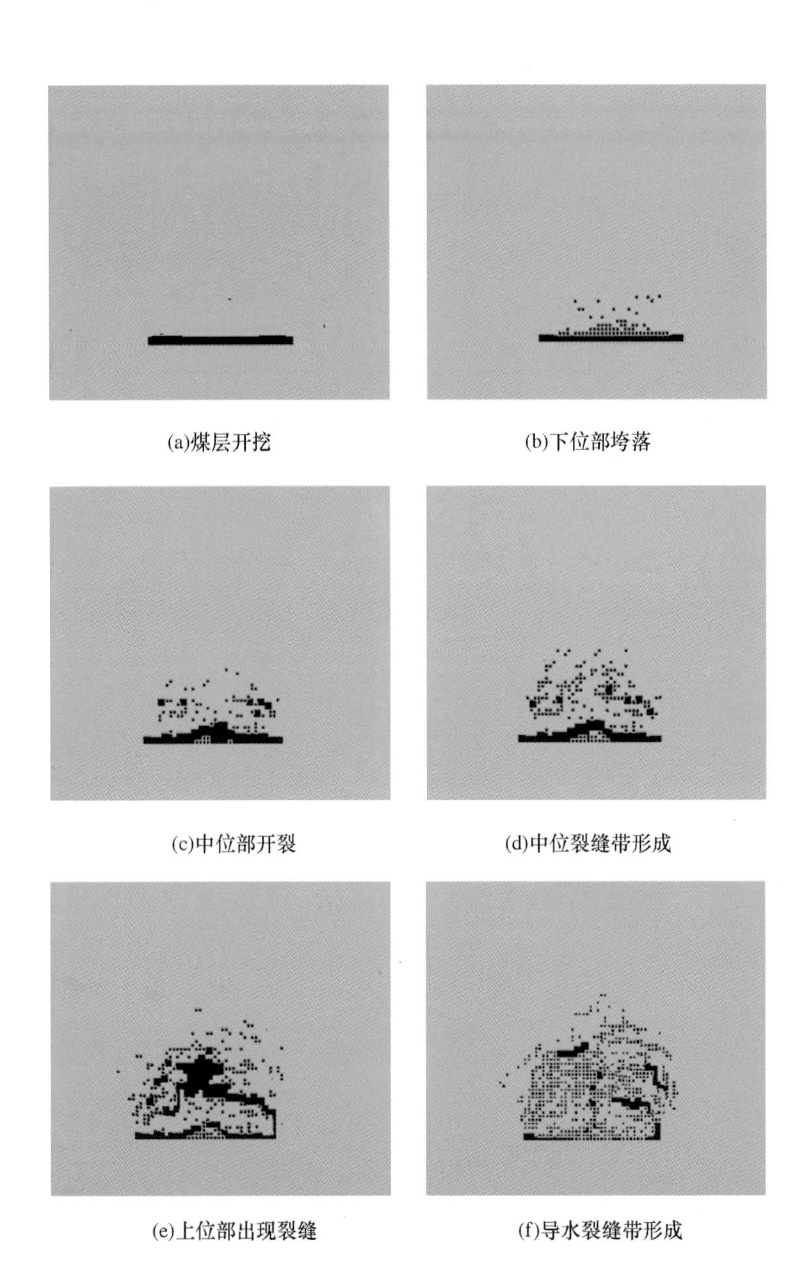

导水裂缝带形成过程 N1S1 工作面覆岩

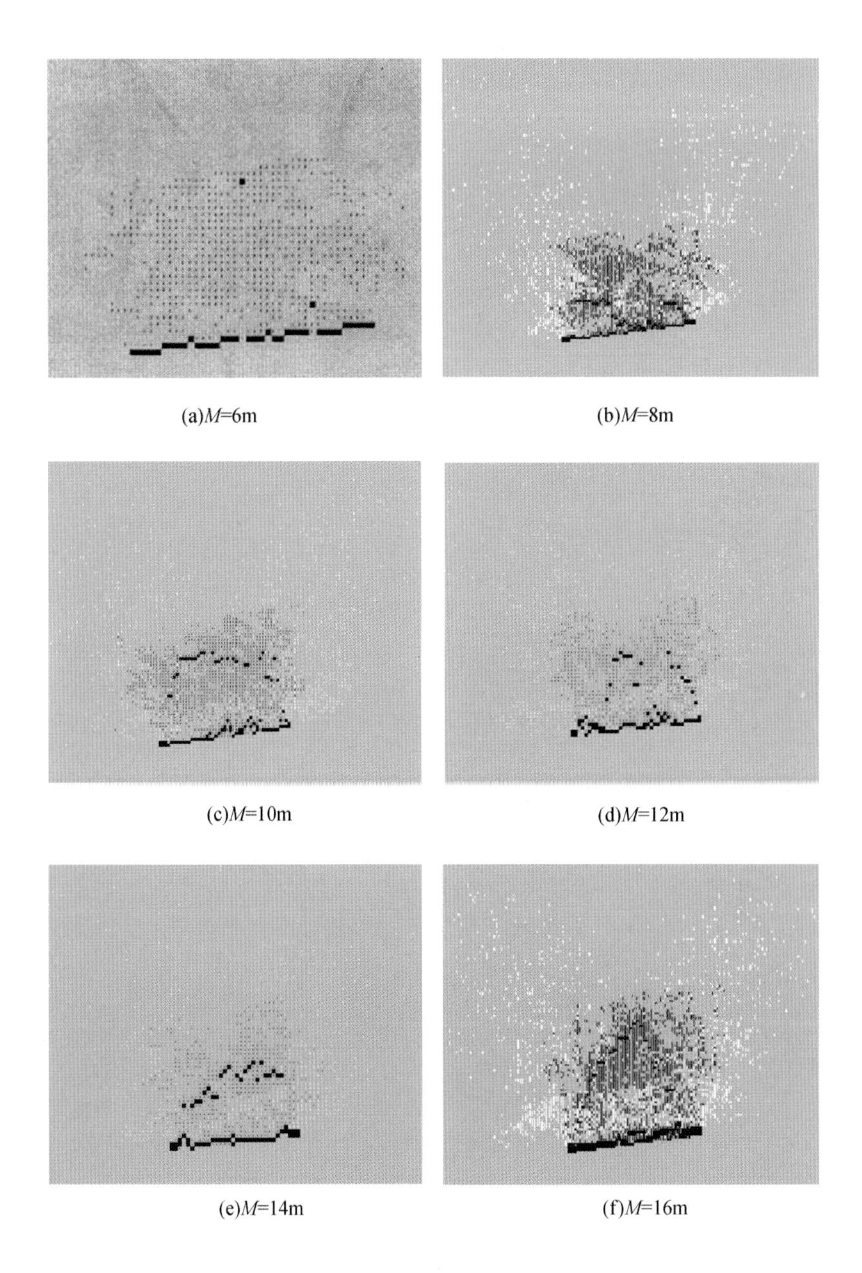

(a)M=6m (b)M=8m

(c)M=10m (d)M=12m

(e)M=14m (f)M=16m

不同采高导水裂缝带发育高度模拟结果

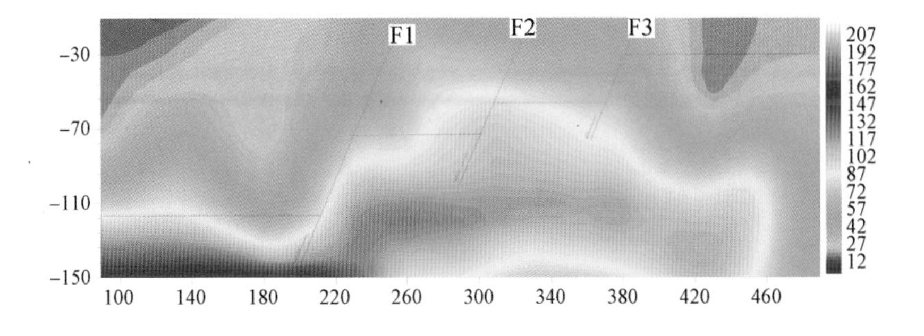

(a)2012 年 12 月 5 日观测

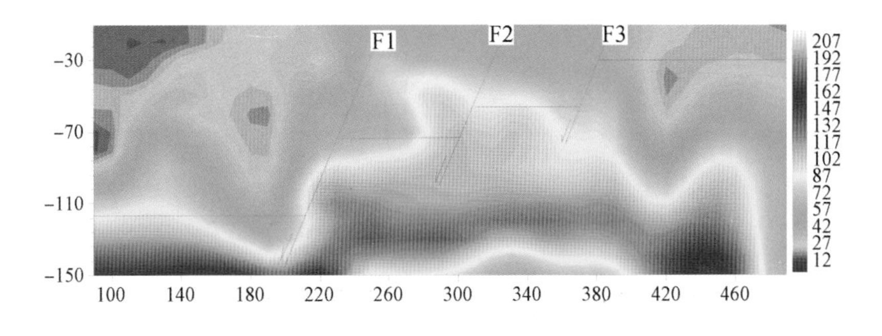

(b)2013 年 1 月 11 日观测

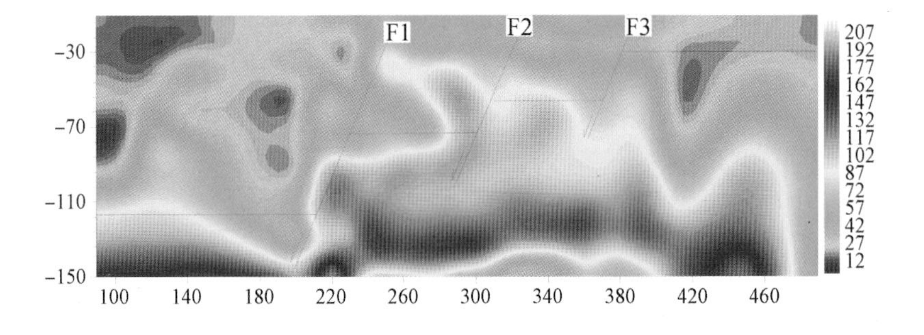

(c)2013 年 2 月 23 日观测

井田边界断层 Line 线覆岩视电阻率断面图